十万个为什么

昆虫世界大揭秘

KUNCHONGSHIJIEDAJIEMI

《科普世界》编委会 编

内蒙古科学技术出版社

图书在版编目（CIP）数据

昆虫世界大揭秘 /《科普世界》编委会编. —赤峰：
内蒙古科学技术出版社，2016.12（2022.1重印）

（十万个为什么）

ISBN 978-7-5380-2748-8

I. ①昆… Ⅱ. ①科… Ⅲ. ①昆虫学—普及读物
Ⅳ. ① Q96-49

中国版本图书馆CIP数据核字（2016）第313130号

昆虫世界大揭秘

作　　者：《科普世界》编委会
责任编辑：张文娟
封面设计：法思特设计
出版发行：内蒙古科学技术出版社
地　　址：赤峰市红山区哈达街南一段4号
网　　址：www.nm-kj.cn
邮购电话：(0476) 5888903
排版制作：北京膳书堂文化传播有限公司
印　　刷：三河市华东印刷有限公司
字　　数：140千
开　　本：700×1010　1/16
印　　张：10
版　　次：2016年12月第1版
印　　次：2022年1月第3次印刷
书　　号：ISBN 978-7-5380-2748-8
定　　价：38.80元

前言
Preface

在地球上，昆虫是数量最多的动物群体，它们的踪迹几乎遍布世界的每一个角落。

我们在平时的生活中也能见到昆虫，比如蚂蚁、蜜蜂、蟋蟀、蝴蝶等。这些形形色色的小家伙也许没有庞大的体型、没有动人的叫声，但是总能引起人们的注意和好奇。目前，人类已知的昆虫约有100万种，本书特别精选出最具代表性的种类，针对孩子们关心的问题，生动详尽地将这些小生命的体貌特征、生活习性及特殊本领做了一次汇总。本书知识点全面，版式新颖，读起来十分轻松，很容易在孩子们的脑海中留下印象。

童年的时光是最美好的，而充满好奇心的童年则更有价值。在成长的过程中，每一个孩子都会问无数个"为什么"，然后伴随着这一个个答案的水落石出而慢慢长大，去认识世界、探索未来！

Part **1** 走进昆虫世界

昆虫是什么时候出现的？ /2

最古老的社群性昆虫是谁？ /3

数量最多的昆虫是哪种？ /4

昆虫分为哪些种类？ /4

昆虫的身体分为哪几部分？ /6

昆虫的眼睛长什么样？ /6

昆虫有耳朵吗？ /7

昆虫的听觉很发达吗？ /7

昆虫的消化系统是怎样的？ /8

昆虫有鼻子吗？ /9

为什么昆虫都有 6 只脚？ /9

昆虫真的会叫吗？ /10

昆虫的触须有什么用？ /11

你知道昆虫的口器吗？ /12

昆虫靠什么运动？ /13

你知道昆虫翅膀的秘密吗？ /14

昆虫有几种生长方式？ /15

昆虫为什么不怕雨淋日晒？ /16

目录 Contents

什么是昆虫的保护色和警戒色？ / 17

为什么有些昆虫喜欢吃有毒的食物？ / 18

什么是寄生性昆虫？ / 18

哪些昆虫喜欢在土壤中生存？ / 19

昆虫求偶时喜欢使用哪些招数？ / 20

寿命最长的昆虫能活多久？ / 21

寿命最短的昆虫是谁？ / 22

发声最响亮的昆虫是谁？ / 22

最重和最长的昆虫是谁？ / 23

体型最小的昆虫是谁？ / 24

你知道体重最轻的昆虫叫什么吗？ / 24

你认识振翅最慢的昆虫吗？ / 25

昆虫家族谁最血腥？ / 25

哪种昆虫发光最亮？ / 26

昆虫眼中的色彩跟我们看到的一样吗？ / 26

昆虫用什么做"指南针"？ / 27

蜘蛛、蜈蚣是昆虫吗？ / 28

昆虫的迁飞有什么重要意义？ / 29

昆虫是喜欢群集的动物吗？ / 30

Part ❷ 甲虫家族

甲虫名字是怎么得来的？ / 32

你知道甲虫在植物传粉方面的作用吗？ / 32

甲虫有什么形态特征？ / 33

最大的甲虫叫什么？ / 34

天牛的别名有哪些？ / 34

为什么说天牛幼虫期对植物的危害最大？ / 35

为什么象鼻虫最不喜欢冬天？ / 36

你知道萤火虫还有哪些名字吗？ / 36

萤火虫为什么会发光？ / 37

你见过龙虱吗？ / 38

什么是金花虫？ / 39

瓢虫会游泳吗？ / 39

瓢虫能活多久？ / 40

瓢虫为什么"换装"？ / 40

瓢虫化蛹是怎么回事？ / 41

瓢虫有哪几类？ / 41

"黄守瓜"的名字是怎么来的呢？ /42

你知道黄守瓜的"同党"吗？ / 42

黄守瓜是怎样残害瓜类的？ / 43

独角仙是什么样子的？ / 44

独角仙还是药材？ / 45

力气最大的甲虫是谁？ / 45

为什么蜣螂被称为"自然界的清道夫"？ / 46

巨蜣螂为什么喜欢跟着象群？ / 46

谁是昆虫世界的"最佳先生"与"最佳父亲"？ / 47

你知道炮甲虫吗？ / 47

步甲有什么特点？ / 48

什么是虎甲？ / 49

你知道阎甲是什么吗？ / 50

Part 3
蝶和蛾家族

蝴蝶也长着和鱼一样的鳞片吗？ / 52

蝶类吃什么呢？ / 52

谁是蝴蝶家族的天敌？ / 53

蝴蝶家族竟然有"酒鬼"？ / 53

蝴蝶能活多久？ / 53

蝴蝶躲避天敌攻击的招数有哪些？ /54

你知道邮差蝴蝶吗？ /55

你知道伪装高手猫头鹰蝶吗？ /56

巴西的国蝶是什么？ /56

蓝闪蝶生活在哪里？ /57

你知道蓝闪蝶最喜欢吃什么吗？ /58

蓝闪蝶有什么自卫绝招呢？ /58

你知道透翅蝶的隐身术吗？ /59

你知道地球上唯一的迁徙性

蝴蝶吗？ /59

黑脉金斑蝶为什么喜欢有毒的马利

筋？ /60

为什么黑脉金斑蝶面对鸟类捕食不

逃跑？ /61

稻眼蝶为什么在日本受宠？ /61

你知道板蓝根最怕哪种蝶吗？ /62

中华虎凤蝶幼虫是如何生存的？ /63

你知道灰蝶是什么吗？ /64

灰蝶长什么样？ /64

谁才是世界上最大的蝴蝶？ /65

亚历山大女皇鸟翼凤蝶怎么繁殖？ /65

为什么光明女神闪蝶被公认为最美

的蝴蝶？ /66

皇蛾阴阳蝶为什么如此神秘？ /66

你知道蝴蝶翅膀有什么用途吗？ /67

世界著名的拟态蝴蝶是哪个？ /68

"飞蛾扑火"是为什么？ /69

棉铃虫也是蛾家族的一员吗？ /70

为什么美国白蛾是世界性检疫害

虫？ /71

谁才是蛾类中的巨无霸？ /72

为什么乌桕大蚕蛾成虫后寿命很短

暂？ /72

谁穿着美洲豹一样的"外衣"？ /73

我国有哪些豹蛾？ /73

Part ④
蚂蚁、胡蜂、蜜蜂家族

蚂蚁是一种什么样的动物？ / 76

蚂蚁家族都有哪些角色？ / 77

为什么说小蚂蚁是"大力士"？ / 78

蚂蚁同伴之间用什么方式联系？ / 79

你知道蚂蚁"放牧"吗？ / 80

行军蚁的名字是怎么来的？ / 81

你知道切叶蚁有趣的进食程序吗？ / 82

为什么说真菌对切叶蚁有着重要的

意义？ / 83

食人蚁为什么让人不寒而栗？ / 84

白蚁和普通蚂蚁有什么不同？ / 85

白蚁家族分布在哪里？ / 86

"千里之堤，溃于蚁穴"是怎么回

事？ / 86

什么是胡蜂？ / 87

你知道胡蜂的生活习惯吗？ / 87

切叶蜂的巢是什么样的？ / 88

被胡蜂螫伤了怎么办？ / 89

什么是食甲虫蜂？ / 89

蜜蜂的刺有什么秘密？ / 90

为什么说蜜蜂还处在"母系氏族社

会"？ / 91

蜜蜂的蜂巢为什么是六边形？ / 92

蜜蜂能飞多快？ / 92

蜜蜂怎么过冬？ / 93

怎样才能产出更多的蜂王浆？ / 94

蜜蜂家族里雄蜂的任务是什么？ / 94

为什么蜂群里不能缺少工蜂？ / 95

你知道和蜜蜂有关的数字吗？ / 96

Part 5
蝇家族

你知道蝇吗？ / 98

蝇喜欢吃什么？ / 98

苍蝇靠什么来闻味？ / 99

苍蝇是怎么越冬的？ / 99

蝇的天敌有哪些？ / 100

蝇的幼虫有什么生活习性？ / 101

蝇对人类有益处吗？ / 101

为什么蝇的两只触角喜欢不停摩擦？ / 102

蝇的触角给人类什么启发？ / 102

你知道怎么区分蝇的雌雄吗？ / 103

大头金蝇长什么样？ / 103

为什么有时候红头丽蝇会帮助侦破命案？ / 104

红头丽蝇的危害有哪些？ / 104

什么是果蝇？ / 104

果蝇对人类有什么帮助？ / 105

你知道丝光绿蝇吗？ / 106

你了解丝光绿蝇的生活习性吗？ / 107

你见过麻蝇吗？ / 107

市蝇长什么样？ / 108

你听说过食蚜蝇吗？ / 108

食蚜蝇专门吃蚜虫吗？ / 108

为什么食蚜蝇"不好惹"？ / 109

什么是蜂蝇？ / 109

你知道巨尾阿丽蝇吗？ / 110

Part 6
蝽和其他昆虫家族

什么是蝽？ / 112

蝽类昆虫有什么集体特性？ / 112

你知道荔蝽吗？ / 112

什么是卷心菜斑色蝽？ / 113

你见过稻绿蝽吗？ / 113

你知道牧草盲蝽的生活习性吗？ / 114

哪种蝽的卵是香蕉形的？ / 114

为什么说缘蝽是大害虫？ / 115

棉盲蝽和棉花有什么关系？ / 115

棉盲蝽是怎么残害棉花的？ / 116

有喜欢热的蝽吗？ / 116

盾蝽的名字是怎么来的？ / 117

什么是仰泳蝽？ / 117

谁才是最灵巧的食肉昆虫？ / 118

哪种蝽的名字叫"蝎"？ / 119

经常在水面上趴着的细腿昆虫是什么？ / 120

水黾长着怎样的足？ / 120

黾蝽科昆虫生活在哪里？ / 121

体型细小的水黾怎么捕食？ / 122

什么是负子蝽？ / 122

你知道负子蝽怎样捕食吗？ / 123

夏季田间常见的绿色飞虫叫什么？ / 123

什么是丽草蛉？ / 124

你知道中华草蛉吗？ / 124

时刻举着"大刀"的昆虫是什么？ / 125

螳螂是肉食动物吗？ / 125

螳螂的"饭量"有多大？ / 126

螳螂的产卵方式有什么特别？ / 126

昆虫界最擅长跳的是谁？ / 127

蚱蜢为什么喜欢将呕吐物弄自己一身？ / 128

你知道蜻蜓吗？ / 128

世界上眼睛最多的昆虫是谁？ / 129

"蜻蜓点水"是怎么回事？ / 130

蜻蜓家族的"飞行冠军"是谁？ / 130

你知道豆娘吗？ / 131

豆娘和蜻蜓有什么不同吗？ / 131

人类所知道的地球上出现过的最大昆虫是谁？ / 132

你知道纺织娘吗？ / 132

纺织娘的名字是怎么来的？ / 133

蝼蛄为什么叫"地下恶将军"？ / 134

谁才是每天都盖新"房子"的"建筑师"？ / 135

斗蟋蟀是根据蟋蟀的什么性格而来？ / 135

你知道蟋蟀是用什么发声的吗？ / 136

你知道蟋蟀声音的秘密吗？ / 136

油葫芦的名字是怎么来的？ / 137

世界上现存最古老的昆虫是谁？ / 138

为什么蟑螂的生命力十分顽强？ / 138

为什么蟑螂家族"人口众多"？ / 139

Part 7 昆虫与人类

你知道爱吃书的蠹鱼吗？ / 142

昆虫是未来食物的主角吗？ / 143

昆虫是机械齿轮最早的发明者吗？ / 144

苍蝇和航天事业有什么关系吗？ / 145

为什么说人工冷光的发明是受萤火虫的启发？ / 146

part 1

走进昆虫世界

昆虫是什么时候出现的?

现在我们说人是万物之灵,但人类出现的时间比小小的昆虫晚得多,而在数量上那更是不能比的。据研究,这些活泼的生命最早应该出现在 4 亿年前,而现存的昆虫大多数都已经在地球上生活了 2.5 亿年。

在地球上,昆虫是第一类演化出飞行能力的生命体。大约在 3 亿年前的石炭纪就出现了具备飞行能力的昆虫,7000 万年以后才出现有飞翔能力的脊椎动物(飞龙类)。

随着环境的改变,许多昆虫种类逐渐丧失了飞行能力,像虱子、跳蚤就丧失了全部翅的残余,再也不能飞行了。

▲ 在昆虫中,独角仙的飞行能力十分突出

▲ 白蚁

最古老的社群性昆虫是谁？

　　不仅人类要在群体中生活才能更好地生存下去，动物也一样，而最早形成社群性生活的昆虫就是白蚁。根据古生物学家的研究发现，人类已知的最早的古代白蚁，出现于距今 2.5 亿年前，比蜜蜂和其他种类的蚂蚁要早出现 1.8 亿年。

　　白蚁也被称为大水蚁（通常在下雨前出现，因此得名），为等翅目昆虫，种类约 3000 种，为不完全变态的渐变态类昆虫。每个白蚁巢内的白蚁个体可达百万只以上，这样庞大的数量使它的破坏性十分巨大。

走进昆虫世界

数量最多的昆虫是哪种?

　　一个族群总是有数量多和少的，在昆虫世界里，数量最多的就是弹尾虫。有人曾在面积 4000 平方米、深度 28 厘米的草地的表土层里，发现了 2.3 亿只弹尾虫。弹尾虫像其他常见的昆虫一样，身材很小，几乎只有米粒大小，在靠近尾部（腹部第 4 节）的地方有一个叉状弹器，能够弹跳，这也是它被人们称作弹尾虫的原因。

▲ 弹尾虫

昆虫分为哪些种类?

　　昆虫是一个庞大的家族，每种昆虫都是有名字的，可昆虫实在是太多了，人类经常会发现一些新的昆虫品种，这就让人类很头疼。于是，科学家们便根据昆虫身体的构造和幼虫发育的方式，把昆虫分成了五大类：甲虫，蝶和蛾，蚂蚁、胡蜂和蜜蜂，蝇，蟒和其他昆虫。

甲虫：甲虫是昆虫家族中的第一大类，它们的前翅为骨化的鞘翅，像盾一样将后翅盖住。这一类昆虫食性较广，植物、真菌、其他昆虫，甚至动物的腐尸都能成为它们的食物。

蝶和蛾：蝶和蛾是常见的一类昆虫，它们全身被许多微小的鳞片覆盖。蝴蝶翅上的鳞片是五颜六色的，而多数蛾的鳞片没有光泽。它们的幼虫都曾以吃植物的毛虫形态存在，再逐渐长成成虫。

蚂蚁、胡蜂和蜜蜂：蚂蚁、胡蜂和蜜蜂构成了昆虫的第二大类，目前已发现的有 20 余万种，它们的共同特征是生有一个细腰。胡蜂还长有一对透明的翅膀，而多数蚂蚁都没有翅膀。

蝇：蝇是最常见的昆虫，它们最明显的特征是第二对翅膀变成了一对平衡器官。这类昆虫分布极广，我们日常生活中最常见的家蝇就是蝇家族的一员。

蝽和其他昆虫：目前已发现的蝽类昆虫有 67000 余种，它们长着刺状的口器，这种口器通常被收在两足之间。比较常见的有蟑螂、蜻蜓和蝗虫等。

▼ 种类繁多的昆虫

昆虫的身体分为哪几部分?

昆虫最明显的特征就是身体分为头、胸、腹3个部分,所有的昆虫通常都有2对翅和6条足,翅和足都位于胸部,身体由一系列体节构成。昆虫的头部一般都有一对触角,骨骼包在体外部。和其他生物不同的是,昆虫一生形态多变化,它们可以说是地球上一道丰富多彩的生命奇景。

▲ 触角是昆虫常见的身体部件,图为长有触角的蝗虫

昆虫的眼睛长什么样?

眼睛是我们最熟悉不过的视觉器官,而昆虫的眼睛并不是表面上那样简单。除寄生性昆虫外,一般昆虫都有一对复眼,头顶上还有1～3个单眼。复眼由许多六角形的小眼组成,单眼有背单眼和侧单眼之分。

昆虫能看见人类和绝大多数动物都看不见的紫外线,而有些花瓣可以反射紫外线,所以昆虫就能依靠这种独特的视觉,根据紫外线的变化找到花蜜和花粉。

◀ 昆虫眼睛特写

昆虫有耳朵吗?

我们从来没看到过昆虫的耳朵,可我们在接近它时,它很快就会跑掉,这说明它是有听觉器官的。

许多昆虫没有真正的听觉器官,对于外界声音,它们通过身体的一些特别器官来感知,例如雄蚊子就是用触须上的毛感知雌蚊子声音的。还有一些昆虫身上带有鼓膜,鼓膜有的在身体两侧,有的则在腿上。鼓膜对外界的声音很敏感,在被某种声音震动以后,鼓膜把声音震颤的频率传给感觉细胞,昆虫就能"听"到声音了。这类昆虫比较常见的有蟋蟀、蝗虫、蚱蜢、蝉等。

▲ 蝉的耳朵长在腹部的下面,图为草蝉

昆虫的听觉很发达吗?

昆虫的听觉系统跟人类是没办法比的,不过它们的听觉范围和辨别能力却是我们人类所无法想象的。有些昆虫听到的超音速声音,比人类能够听到的最高音还高两个八度音阶。而且,它们还能辨别声音的性质,比如蟋蟀可以分辨出另一只蟋蟀的声音,不会把同类的鸣声与人类用锉刀刮擦以同样音调发出的模拟声音相混。

◀ 蟋蟀的耳朵长在第一对足的小腿上边,十分敏锐

走进昆虫世界

7

昆虫的消化系统是怎样的?

昆虫的消化道系统可以分为前肠、中肠和后肠。

1. 前肠

前肠的功能在于摄入及贮存食物、磨碎食物,将食物送到下一个区域。通常前肠被分为口、食管和嗉囊。口的唾液腺提供液体与酶素,可以润滑并分解食物;嗉囊主要的功能为贮存食物;前胃或称砂囊具有齿,用以磨碎食物。

2. 中肠

昆虫主要的消化工作在中肠进行,消化酶在此分泌,消化产物在此吸收,然后肠道内的食物残渣及来自马氏管的尿进入后肠。中肠分为两个主要区域:管状的胃和末端封闭、被称为盲囊的侧支囊。大部分昆虫的中肠皮膜与食物之间有围食膜,它由几丁质纤维、蛋白质和碳水化合物交织合成,功能为保护消化的细胞。中肠到后肠之间有幽门瓣膜调节物质从中肠至后肠。

3. 后肠

水分、盐类及其他有用的分子则于粪便经由肛门排出之前吸收,包括回肠、结肠和直肠,都可以用来吸收水分和盐类。马氏管作为排泄器官,从血液腔中移除含氮废物。有毒的氨进行化学反应,转换成尿素,再转换成尿酸,以排遗颗粒排出体外,而直肠垫可帮助水分再吸收。

◀ 昆虫世界

昆虫有鼻子吗?

常言说,麻雀虽小,五脏俱全。那昆虫是不是也是这样呢?昆虫当然不能跟脊椎动物比,比如说它的鼻子就很奇怪。昆虫是一种很小的动物,我们用肉眼很难看出它们有没有鼻子或有没有鼻孔。不过,如果我们把它们放到显微镜下,就可以看到它们胸部及腹部表面或节间有一个圆形的气孔,它们就是以身体上的这些气孔进行呼吸的,但气孔没有闻味的功能。

为什么昆虫都有 6 只脚?

人类、禽类等较大的动物,都有 2 只或 4 只脚,但是昆虫怎么长有 6 只脚呢?

昆虫的身体小,力量又薄弱,遇见敌人来袭时只能迅速逃走,根本没有抵抗的能力。然而,长了 6 只脚,就可以站得很稳,并快速避开敌人的侵袭。

▶ 脚是昆虫的外骨骼

昆虫真的会叫吗？

我们似乎经常能听到昆虫的"叫声"，但是，那真是它们的叫声吗？

其实，自然界里没有一种昆虫是真正能叫的。我们听到昆虫发出的声音，是它们用身体的一个部分摩擦另外一个部分产生的。大部分昆虫利用声音作为求偶行为的一部分，或是雌雄昆虫被声音吸引在一起，或是用声音把别的雄性昆虫赶走。

昆虫也用声音来吓走敌人。当蟋蟀受到威胁时，它会向敌人发出一种刺耳的声音。在我们听起来，蟋蟀和蝉所发出来的声音一点也不悦耳。那些声音缺乏旋律与节奏，而且振幅太快，不是人耳喜欢听到的。在一些用昆虫鸣叫声音所制作的录音唱片中，如果我们用低速放送，可以听出有复杂的音色。

▼ 通过左右两翅摩擦而发音的蝈蝈

昆虫的触须有什么用?

▲ 飞蛾的触须清晰可见

　　鱼有鳞，羊有角，这些都是大家所知道的，那么昆虫呢？其实，仔细观察我们会发现，多数昆虫都有触须（或者叫触角）。触须或触角是大部分昆虫最显著的感官。视力不佳的昆虫，触须长得比较长，比如蚂蚁；视力较好的昆虫，触须比较短，比如蜻蜓。触须的形状和大小，差别极大：长着长触须的蚱蜢，触须比身体还长；蝴蝶长的是简单而有节的刺丝；雄蛾往往长有壮丽的羽状触须；许多苍蝇的触须很短，肿胀成结；而有些甲虫的触角平得像铠甲。可以说，所有这些设计目的都在于增强触须感受外界的各种刺激的能力。

　　昆虫的触角主要具有嗅觉、触觉与听觉功能，其表面具有很多不同类型的感觉器，它们能使昆虫辨别稀薄的糖水和清水，能通知吸血的昆虫"前面有块暖烘烘的食品"，而且只要食品的温度比周围的气温高一点点，触须就会获得这个情报。一只臭虫只需测知目标的体温高出周围气温，就能向这个目标移进，即使这差别还不到 1.1℃。

　　触须对气味特别敏感，多数昆虫依靠嗅觉就可以寻找到适当的植物作为食料，或适当宿主以便产卵。昆虫也使用某些化合物做传达媒介，故辨别其气味也极其重要。许多昆虫使用激素分泌物来表明自己是什么昆虫，并用它来吸引配偶。群居昆虫使用它们来进行各种各样的活动，如集合、出猎与示警等等。

走进昆虫世界

你知道昆虫的口器吗？

只要是生命就吃东西，小小的昆虫是用什么来吃东西的呢？

昆虫的口器也像脚那样是从原始附肢演化出来的，表现了种种特化，使昆虫能享用许多种食物。昆虫的口本身只是身体前面的一个圆洞，这个圆洞本身没有颌骨，口器周围则长着几个附肢。最早演化出来的口器，适合咬东西和咀嚼东西。虽然各种昆虫的口显示了许多巧妙之处，不过基本的构造还是相同的，那就是它们前面都有一对叫做大颚的颚骨形状的附肢，它们长在口的两侧，像夹子那样向中间摇摆。大颚后面又有一对叫做下颚肢的附肢，虽然不能压碎食物，却能把食物抓牢。在这对下颚肢后面还有一对下颚肢，已经愈合在一起形成一个大大的下唇。突出在口器前面，还有一个下垂的东西，是"下唇"，起初并不是一个附肢，而是作为体壁的一部分发展出来的。

▲ 蜷曲在两眼之间的就是蝴蝶的口器

▼ 附肢可以帮助昆虫抓牢食物

昆虫靠什么运动？

▲ 螳螂能抓起超过它体重 50 倍重的物体

昆虫是一个庞大的家族，而它们的日常行动也不同于一般动物。有的昆虫会游泳，有的昆虫会跳跃，大多数昆虫的成虫都会飞。足帮助昆虫行走、跳跃或游泳，翅膀则帮助昆虫飞行。它们是昆虫运动必需的身体构造。那么，大家知道昆虫的足和翅膀是什么样子的吗？

1. 伪足

一般昆虫的胸部生有 3 对足，有些昆虫则要多长出一些足来，如毛毛虫主要以蠕动的方式移动，它的胸腔上就多长出 5 对腹足。这种腹足被称为伪足，可以帮助毛毛虫固定在某个位置。

2. 足的类型

昆虫的种类、生活习性不同，它们的足的类型也不同。如瓢虫、天牛是步行足，蝗虫、蟋蟀是跳跃足，螳螂、猎蝽是捕捉足，蜜蜂是携粉足，龙虱、仰游蝽是游泳足等。

3. 翅膀

一般昆虫只有一对翅膀，如甲虫、蟋蟀等。甲虫类的前翅骨化程度较高，看不到翅脉，形成了鞘翅；蟋蟀等昆虫的前翅骨化程度较低，革质而半透明，称为直翅（复翅）。

你知道昆虫翅膀的秘密吗?

地球上的生命体都是从低等逐渐向高等过渡的，而昆虫也不是天生就具备翅膀的，它们的翅膀是经历了漫长的进化过程之后才"衍生"出来的。

昆虫是最早发展出翅膀的一类生物。虽然大部分现代昆虫在幼虫时代是住在地上，可是一旦变为成虫到了需要交配来"传宗接代"的时候，大都需要飞翔。昆虫翅膀不像蝙蝠或鸟类的翅膀那样，是由前肢变化而来的，而是由背部的一部分作为外骨骼延伸的一个基本结构。翅膀里面则有用以支撑的通气道和血管。

起初，所有有翼昆虫都像今天的蜻蜓那样长有四个独立的翅膀。不过出现较晚的昆虫，前面一对翅膀和后面一对翅膀，共同形成一个飞行平面，通过构造精巧的飞翔肌肉，振翼飞翔，对气流的情况作出反应。

昆虫的前后翅膀用精巧的装置连在一起，例如胡蜂翅上有拉链装置。昆虫扭动并同时振动翅膀，可以悬空定身，甚至倒飞。

翅膀的划动通常是形成椭圆形及阿拉伯数字"8"字形。蜻蜓两对细长翅膀分别振动，前后两对此起彼伏。

蜻蜓配备的飞行器虽然原始，但它依然是最灵巧的飞行杂技演员。

一个捕杀秋蝉的胡蜂，以"8"字形划过空气，翅膀像蜜蜂那样并在一起。向上举时，双翅像桨似的把翅面翻平；下降时，它的翅膀平直地拍击空气；在中间阶段，翅膀则扭过来，以准备进行下一次的向上举动。

▶ 蜻蜓长着四个独立的翅膀

昆虫有几种生长方式？

▲ 独角仙从蛹到幼虫，再到成虫的蜕变过程

大自然就是因为神奇的多样性才会这样美丽，如果仔细去发掘大家会发现，就连昆虫的生长方式都是多种多样的。

1. 蜕皮生长

昆虫的幼虫在生长过程中，体形会逐渐变大，这样一来它们表面的外骨骼和皮肤就会被逐渐变大的躯体胀破。慢慢地，幼虫的"外套"开始脱落，新生一层更大、更坚硬的表皮。

幼虫经历多次蜕变，才能成长为成虫。

2. 地下生长

多数昆虫的幼虫非常脆弱，所以它们要在相对安全的地方才能长成成虫。例如，金龟子的幼虫就是在地下生长的，它们会在地下待好几周，直到长成成虫后才到地面上活动。

3. 水中生长

有些昆虫的幼虫适于在水中生存。例如，雌蜉蝣把卵产在水面上，卵经孵化成为幼虫，幼虫便一直在水中觅食、生长，它们可以在水中生活一年多，直到离水登陆后变成成虫。

▼ 水生昆虫

昆虫为什么不怕雨淋日晒?

　　自然界的刮风下雨对于人类来说再正常不过了,当我们人类遇到风雨时,可以采取许多遮风挡雨的措施,比如打一把雨伞,或者穿一件雨衣等。可是,如果昆虫突遇风雨,它们会怎么办呢?

　　其实昆虫对大自然的适应能力比我们还要强呢!究竟是什么使它们能够不怕日晒雨淋呢?

　　答案其实就在昆虫的身上。昆虫的身体上长有一层透明的蜡质层。这身蜡质层既是昆虫的雨衣,也是昆虫的遮阳伞。有了它,下雨时,没有一滴雨水能流入昆虫的体内;天气炎热时,它还能挡住太阳强烈的照射,使得昆虫体内的水分不会大量流失。因此,不论天气怎么变化,它都不会影响到昆虫在户外的活动。

▼ 无论什么天气,昆虫都能自然应对

▲ 某种飞蛾的保护色——与环境几乎一致

什么是昆虫的保护色和警戒色？

昆虫是弱小的，它们是如何保护自己而生存的呢？其实它们面临危险时采取的自卫方式也多种多样。比如，有的具有保护色，有的具有警戒色，还有许多昆虫能将自己变成其他形状，从而避开敌害。

1. 保护色

有些昆虫经常混入与自身体色相近的环境中进行觅食等活动，即使敌害靠近，也很难察觉到它们的存在。例如，蝗虫经常混入与自身体色相近的草丛中，在那里毫无顾忌地"鸣叫"，但很多捕食者却很难从中发现蝗虫的踪迹。

2. 警戒色

有些昆虫从不需要伪装自己，而是用它们艳丽的体色警示其他动物不要靠近。例如，许多飞蛾体色都呈红、黄等艳丽的颜色，但它们却并不是可口的猎物。

为什么有些昆虫喜欢吃有毒的食物?

我们吃东西会担心中毒,可小小的昆虫是如何避开那些有毒的食物的呢?而有些昆虫还喜欢吃一些我们认为有毒的东西,这是为什么呢?

有些昆虫经常以一些有毒的植物为食,并把毒汁储藏在体内。它们的身体会呈现出几块黄色或黑色的斑纹,以此警告捕食者:我们有毒,千万不要捕食我们,要当点心哟!

▲ 斑蝶幼虫以有毒的天星藤为食料,所以体内有剧毒。图为有毒的夹竹桃

什么是寄生性昆虫?

我们听过寄生蟹、寄生植物,其实小小的昆虫也有寄生的。寄生性昆虫的体型比较小、活动能力比较差,大部分种类的幼虫都没有足或足已不再能行走,而且视力也下降了。

所以,有些寄生性昆虫终生寄生在哺乳动物的体表,依靠吸血为生,如跳蚤、虱子等;有的则寄生在动物体内,如马胃蝇。

另一些昆虫寄生在其他昆

◀ 虱子

虫体内，对人类有益，可利用它们来防治害虫，称为生物防治。这些昆虫主要有小蜂、姬蜂、茧蜂、寄蝇等。

▲ 姬蜂

在寄生性昆虫中，还有一种叫做重寄生的现象。也就是说，当一种寄生蜂或寄生蝇寄生在植食性昆虫身上后，又有另一种寄生性昆虫再寄生于前一种寄生昆虫身上。有些种类还可以进行二重或三重寄生。这些现象对昆虫来说，只是生存竞争的一种本能。

哪些昆虫喜欢在土壤中生存？

天生万物，万物不同，当然生存习惯也是不同的，对于人类喜欢的大房子，昆虫可不一定适宜。昆虫既有生活在水里的，也有生活在土壤里的。其中，生活在土壤里的昆虫都以植物的根和土壤中的腐殖质为食料。它们由于在土壤中的活动和对植物根的啃食而成为庄稼、果树和苗木的害虫。这些昆虫最害怕光线，大多数种类的昆虫活动与迁移能力都比较差，白天很少钻到地面上活动，晚上和阴雨天是最适宜它们的活动时间。这类昆虫常见的有蝼蛄、地老虎（夜蛾的幼虫）、蝉的幼虫等。

◀ 夜蛾的幼虫

昆虫求偶时喜欢使用哪些招数？

人类到一定年龄要谈恋爱、结婚、生子，那昆虫是如何求偶的呢？昆虫的求偶行为非常奇妙，有的以气味求偶，有的以舞蹈、发光或送礼物的方式求偶。一旦雌雄虫交配后，雌虫就要花费很多的时间产卵，卵又要经历多次变化才能变成成虫。

1. 气味求偶

有些昆虫靠气味求偶，如雌性橄榄油蝴蝶在求偶时散发出一种浓烈的气味，吸引雄蝶；雄蝶循着气味找到雌蝶，与其交尾。

2. 发光求偶

有些昆虫在求偶时会发出一种特殊的光，如雌性萤火虫会蛰伏在草丛中，并发出微弱的光；雄虫发现后，会用一种更明亮的闪光来回应，等待雌虫发光的变化以确定求偶是否成功。

3. 舞蹈求偶

有些昆虫会以舞蹈的形式向异性同伴求爱。例如，蝴蝶有时会跳舞求偶，它们翅膀上的鳞片可以反射一种特殊的光，使它们的舞姿更有魅力，从而吸引异性的注意。

▼ 发光的萤火虫

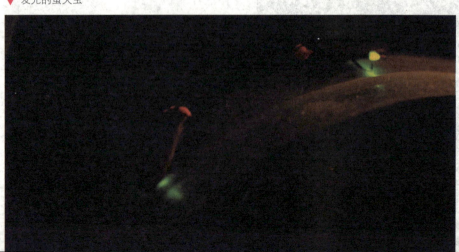

寿命最长的昆虫能活多久？

▲ 蝉

　　相对于地球上的其他生物而言，昆虫的寿命算比较短的。不过，有一种昆虫的寿命相当长，那就是一种能活 17 年的蝉。除了它之外，地球上再也没有能活 17 年的昆虫了。

　　这种蝉的寿命虽长，却要在土里面沉睡 17 年，当它睡醒之后，从土里钻出来，在太阳下享受生活，仅 5 个星期的时间就老死了。这种寿命长达 17 年的蝉只有美国才有，其他种类的蝉大部分寿命只有两年。

　　在地下沉睡的 17 年时间，这种蝉要经历自然发育生长的漫长过程。一般雌蝉把卵产在树枝上，幼虫从卵中孵出来以后掉到地上，之后幼虫便攀附在树根上，这种靠树根供给营养的幼虫，我们称之为蛹，这时它还算不上真正的幼虫。蝉蛹沉睡 17 年之后，一种神秘的本能驱使它从土中钻出来，晒到太阳后，皮肤就会裂开，蝉这时才爬到树上去。

▼ 夏天是蝉的活跃期

走进昆虫世界

寿命最短的昆虫是谁?

有寿命最长的昆虫,那就会有寿命最短的。蜉蝣可以说是地球上寿命最短的昆虫了。一旦从卵变为成虫,它的生命时光就不多了,一般几个小时就死亡了。然而,成虫交配后把卵产在水中,幼虫在水

▲ 与蜉蝣 相比,蚂蚁的寿命较长,但工蚁只能活 7 天

中却要经过 1 ~ 3 年的时间才能变成亚成虫,亚成虫爬出水面蜕皮后才变成蜉蝣成虫。蜉蝣短命的原因,主要是它的嘴巴已经退化,在不能进食的情况下,它是无法活太久的。

发声最响亮的昆虫是谁?

非洲蝉是"叫声"最响亮的昆虫,不幸的是它没因为嘹亮的声音而得到喜爱,而是让听到的人几乎要发疯。非洲蝉在约 50 厘米外发出警报叫声或唱歌时,音量强度高达 110 分贝。而且,雄性还常常喜欢"合唱",因此它们会产生震耳欲聋的噪音。雄性体型越大,声音也就越大,也就会在吸引异性方面占有更大的优势。

▲ 台湾骚蝉也是各地郊山森林中较聒噪的蝉种

最重和最长的昆虫是谁?

如果有昆虫的重量相当于两个鸡蛋,这样的昆虫是不是就已让人不舒服了呢?世界上最重的昆虫——热带美洲的巨大犀金龟就达到了这个级别,其重量有 100 克左右。这种犀金龟从头部突起到腹部末端长达 155 毫米,身体宽 100 毫米,比一只最大的鹅蛋还大。

此外,巴西产的一种天牛体长竟也有 150 多毫米。不过,强中更有强中手,以体长而言,最长的昆虫是生活在马来半岛的一种竹节虫,体长约为 270 毫米,比一支铅笔还要长。而按翅展来说,世界上最长的是一种产于太平洋西南部的所罗门群岛和巴布亚新几内亚的蝴蝶,叫大鸟翼蝶,翅展可达 30 厘米左右。

▼ 竹节虫的身材很长

体型最小的昆虫是谁？

谁才是昆虫界最小的呢？获得昆虫界最小昆虫比赛并列冠军的是膜翅目的一种寄生蜂和缨甲科的一种甲虫，体长都仅有 0.02 厘米，而该寄生蜂的翅展只有 0.1 厘米，比某些单细胞原核生物还要小。

▲ 显微镜下的单细胞原核生物

你知道体重最轻的昆虫叫什么吗？

最轻的昆虫是吸血带虱和寄生黄蜂，其重量均只有 0.005 毫克。按此计算，20 万只吸血带虱或寄生黄蜂才有 1 克重，1000 万只吸血带虱或寄生黄蜂的重量才相当于一个鸡蛋的重量。寄生黄蜂的卵更轻，只有 0.0002 毫克，2.5 亿万粒卵才有一个鸡蛋重。

◀ 跟带虱相比，蚊子已是庞然大物

你认识振翅最慢的昆虫吗？

昆虫世界真是让人着迷，爱好研究它的人就思考它们扇动翅膀的速度是一样的吗？一研究就发现了，翅翼扇动最慢的昆虫是一种带尾巴的黄凤蝶。蝴蝶的翅膀一般是每分钟拍击 460 ~ 636 次，而黄凤蝶在空中飞翔时翅膀每分钟只拍击 300 次。

▲ 停落在花朵上的蝴蝶

昆虫家族谁最血腥？

自然界的一切生物都存在着竞争，只有那些具有竞争力的才会存活下来，而生存竞争是十分残酷的。小小的昆虫世界，竟有一些喜欢血腥的家伙，其中须舌蝇可以说是最血腥的了。须舌蝇主要以哺乳动物、爬行动物和鸟类的血液为食，它用头部底端长有的一根长喙来吸血。这种吸血生物生活于非洲森林中，是公共卫生的最大威胁之一，也是人类非洲昏睡病的传播者。

▼ 须舌蝇

走进昆虫世界

25

哪种昆虫发光最亮？

我们都知道萤火虫会发光，可你知道吗，它们的光不是最亮的。牙买加叩头虫发出的光才是最亮的。这种甲虫主要生活于中南美洲，长约 2.54 厘米。它们的头部有两盏明亮的前灯，可以持续发出绿色的光，这和萤火虫的闪烁光不太一样。

▲ 萤火虫是比较常见的会发光的昆虫

昆虫眼中的色彩跟我们看到的一样吗？

昆虫生活在颜色丰富的世界里，不过可千万别以为它们眼里的彩色世界和我们人类所看到的一样，因为它们对色彩的识别远远不及我们人类。一只橙、一只柠檬、一颗绿色葡萄，在蜜蜂看起来可能是同一颜色。尽管有的水果颜色深些，有的颜色浅些。

▼ 在蜜蜂的眼里，五颜六色的花朵可能是同一种颜色

花要能吸引昆虫来传递花粉，才能在千年万代的演化之中生存下去，所以凡是由蜜蜂授粉的花，没有一种是纯红色的，因为红色在蜜蜂的眼睛里就像人眼中的黑色一样。这些花带有许许多多的其他色彩，如蓝色、紫色、黄色和黄中带绿，这些颜色是蜜蜂看得到的。此外，还有许多花朵在我们人眼中看起来黯淡无光，在蜜蜂的眼睛里却有一种我们所看不到的紫外线的光华。

昆虫用什么做"指南针"？

对于人类来说，一旦进入没有坐标的空间就会迷路，这是一件可怕的事情，但聪明的人类发明了指南针，这个小小的工具可以引导迷路的人走上回家的道路，可小小昆虫如何找到回家的路呢？

许多昆虫都把阳光的方向当罗盘使用。昆虫靠阳光辨别方向的本领，部分依靠的是人眼通常看不见的偏光。对昆虫而言，每天在不同时间，由东、南、西、北来的光线都有其不同的性质。因此，昆虫只要看看天空就知道怎样走动。

而且，蜜蜂即使在多云的天空也可以看见太阳。对这一现象的解释是：一部分紫外光可以透过云层射向大地，太阳所在的那一部分天空，透过来的紫外光总要比别的地方明亮大约5%。有了这一点区别，即使天空布满阴霾，蜜蜂也能够精确地知道太阳在什么地方。

▶ 人类可以利用指南针等工具辨别方向，而自然界里昆虫也有属于自己的智慧，所以不用担心它们会迷路

蜘蛛、蜈蚣是昆虫吗？

通常我们看到地上爬的东西都叫虫子，可是事实上，有许多小虫如蜱虱、蜘蛛、螨类、蜈蚣等，都是与昆虫完全不同属的生物。

蜘蛛最容易被人误认。它们是节肢动物中另外一纲"蜘蛛纲"里的重要成员。虽然蜘蛛外形上有点类似昆虫，可是仔细观察，就可知道蜘蛛其实与昆虫并不相同。它们长着八条腿；没有触角；眼睛很小而且是单眼，不是复眼；身体分为两段，头胸两部是愈合在一起的。盲蜘蛛的头、胸、腹三部愈合成子弹形状。虽然没有毒，如果不小心碰到它了，它就可能发出一股难闻的臭味作为防御。

百足虫，又称为蜈蚣，每环节长一对脚，有些品种有毒。与它略有亲缘的千足虫，每环节有四条腿，则完全无毒。

条尾蝎是一种有毒节肢动物，如被它那向后弯转的尾部毒针螫一下，你会感到剧痛，但毒性不强决不会因伤致死。

陷阱蜘蛛是一种性情温和的蜘蛛，在美国西南部干土里筑穴而居，穴洞门口堵着用蛛丝和沙筑成的门盖，借以隐藏。

海跳虱是一种长有10条腿的节肢动物，许多海滩都有。它后面那三对腿又短又硬，可跳很远，以躲避敌人的追捕。

土鳖，又名鼠妇，是海跳虱在内陆的亲戚，然而它要有一点水才能生存。它通

◀ 蜈蚣

▲ 蜘蛛

常住在石头和木头下面阴湿的地方，吃的是朽木和树叶。危险来临时，它可以蜷成一个小圆球，周围都是互相连接的硬壳，让它的敌人失去胃口。

昆虫的迁飞有什么重要意义？

　　昆虫的迁飞是昆虫典型的迁移现象，是指一种昆虫成群地从一个发生地长距离地迁飞到另一个发生地。迁飞并不是各种昆虫普遍存在的生物学特性。迁飞常发生在成虫羽化、翅骨化变硬之后，雌成虫的卵巢尚未发育，大多数还未交配产卵时。目前已发现不少草地和庄稼害虫具有迁飞特性，如东亚飞蝗、草地螟、黏虫、甜菜夜蛾、小地老虎及多种蚜虫等。

　　迁飞是昆虫在时间、空间上的一种适应性特性，有助于昆虫的繁衍。昆虫的迁飞种类是多种多样的，有的昆虫有固定的繁殖基地，迁飞个体一般单程迁出，不返回原来的发生地，迁飞到新的地区产卵、觅食，随即死亡。如东亚飞蝗，可从沿湖蝗区繁殖基地迁飞到几百公里以外的地方。

　　有的昆虫如草地螟、黏虫等无固定繁殖基地，可以连续几代发生迁飞，每一代都可以有不同的繁殖基地，从发生

▲ 红后负蝗

走进昆虫世界

地迁飞到新的地区去产卵繁殖，产卵后死亡。

草地螟的迁飞个体只做单程迁出，而不能返回原来的地区。黏虫则是在一定的季节里按一定的方向迁出，当年又迁回，这种周期性的迁飞过程不是由同一世代、同一个体就能完成的，而是在一年内由不同世代的种群完成。

昆虫是喜欢群集的动物吗？

很多昆虫都有大量个体群集一起的现象，群集现象可分成两类：暂时性群集和永久性群集。

暂时性群集一般只出现于昆虫生活史的某一虫态和一段时间内，形成群集的条件消失后群体就会分散。如甘蓝夜蛾，初龄幼虫在叶背面群集，二龄后就分散了。再如苜蓿象甲，在越冬场所群集，春天就分散外出等。

永久性群集则是指昆虫终生群集在一起，一旦群集，很久不会分散，而且群体会向一个方向迁移或做远距离的迁飞，如群集型的飞蝗。害虫的大量群集必然造成严重危害，但如果掌握了它们的群集规律，就有利于对害虫进行集中消灭。

◀苎麻夜蛾幼虫常群集在叶片上

part 2

甲虫家族

甲虫名字是怎么得来的？

甲虫和其他昆虫一样，身体分头、胸、腹 3 个部分，有 6 只脚。它们最大的特征是前翅变成坚硬的翅鞘，已经没有飞行的功能，只是保护后翅和身体。飞行时，先举起翅鞘，然后张开薄薄的后翅飞到空中。因为甲虫都有比较厚重的硬壳，仿佛盔甲一样，所以习惯上称它们为甲虫。属昆虫纲的鞘翅目。

此类昆虫的适应性很强。有咀嚼式口器，食性很广，分为植食性（如各种叶甲、花金龟）、肉食性（如步甲、虎甲）、腐食性（如阎甲）、尸食性（如葬甲）和粪食性（如粪金龟）。本类群属完全变态，幼虫因生活环境和食性不同有各种形态。蛹绝大多数是裸蛹，稀有被蛹。

▲ 甲虫

目前全世界的甲虫约 182 科，约有 35 万种，超过全动物界其他所有目的总和。除了海洋和极地之外，任何环境都可以发现甲虫。

你知道甲虫在植物传粉方面的作用吗？

甲虫是昆虫中最古老的类型，它繁盛于侏罗纪或白垩纪。那时高等植物尚未出现，膜翅目和鳞翅目昆虫亦未出现，甲虫是地质史上最早的传粉昆虫。

甲虫原始型的口器适宜给一些花大而平展（蝶形或碗状的花）、较原始类型的植物传粉，它们具有较强的吸引甲虫的气味，如番荔枝科的花所释放的果香味、夏蜡梅属花溢放的发酵味、壳斗科一些植物释放的氨基酸味等。甲虫传粉的植物有木兰属植物、亚马逊王莲和若干分布于热带亚热带的壳斗科树种。趋臭趋腐性甲虫还为花能溢放腐臭味的植物传粉，

▲ 在自然界，昆虫是植物传粉的使者

如巨型魔芋。

甲虫主要采食花粉，少数亦食花蜜。利用有益的甲虫给热带植物油棕传粉，能显著增产。

甲虫有什么形态特征？

甲虫一般体小型至大型。体壁坚硬，前翅质地坚硬，角质化，形成鞘翅，静止时在背中央相遇成一直线，后翅膜质，通常纵横叠于鞘翅下。成、幼虫均为咀嚼式口器。幼虫多为寡足型，胸足通常发达，腹足退化。蛹为离蛹。卵多为圆形或圆球形。

▲ 一般甲虫

甲虫家族

最大的甲虫叫什么?

亚马逊巨天牛和大牙天牛是世界上最大的甲虫。它们身长 18 厘米。大牙天牛的角（长颚）就像是专为切割树枝所设计的，当它用锐利的角钩住枝条后就绕着树枝做 360°的旋转，直至把树枝锯断为止。

▲ 大牙天牛的巨齿可以咬断一根铅笔

天牛的别名有哪些?

天牛因其力大如牛，善于在天空中飞翔而得名。因它发出的"咔嚓、咔嚓"之声很像是锯树之声，故又被称作"锯树郎"。此外，中国南方有些地区称之为"水牯牛"，北方有些地区称之为"春牛儿"。

天牛因种类不同，大小也有差别，最大者体长可达 11 厘米，而小者体长仅 0.4～0.5 厘米。此虫最大的特征是其触角极长，在中国华北有一种叫做长角灰天牛的，其触角长度可达自身体长的 4～5 倍，日常所见的天牛触须长度亦可达 10 厘米左右。另外一个特征就是，它的下巴强而有力。

◀ 天牛

为什么说天牛幼虫期对植物的危害最大？

　　天牛主要以幼虫蛀蚀树干，生活时间最长，对树干危害最严重。当卵孵化出幼虫后，初龄幼虫即蛀入树干，最初在树皮下取食，待龄期增大后即钻入木质部为害。有的种类仅停留在树皮下生活，并不蛀入木质部。

　　天牛的幼虫蛀蚀树干和树枝，会影响树木的生长发育，使树势衰弱，导致病菌侵入，也易被风折断。受害严重时，整株死亡。木材被蛀，不能长成很好的木材。天牛主要是木本植物的害虫，在幼虫期蛀蚀树干、枝条及根部。有一部分危害草本植物，幼虫生活于茎或根内，如菊天牛、瓜藤天牛等。个别种类如棉蒴天牛，则危害棉蒴。还有少数种类，幼虫不生活在植物组织内，而是在土壤中蛀蚀根部，如大牙及曲牙锯天牛、草天牛等。

▼ 正在危害植物的天牛

为什么象鼻虫最不喜欢冬天？

象鼻虫的雌虫在产卵前，往往会以吻端的口器在植物之组织上钻一管状洞穴或横裂，然后再把卵产于组织内。有部分种类能以孤雌生殖方式繁衍后代。它的整个寿命只有 3 个星期，但成虫只需活几个星期就可以不断地产下 4 代甚至更多的后代。

▲ 黄纹三锥象鼻虫

在秋天，象鼻虫开始冬眠，直到春天来临。大约 95% 的象鼻虫死在冬天，所以对于象鼻虫来说，冬天是它们厄运的开始。

你知道萤火虫还有哪些名字吗？

萤火虫又名夜光、景天，属鞘翅目萤科，是一种小型甲虫，因其尾部能发光，故名为萤火虫。这种尾部能发光的昆虫，约有近 2000 种，我国较常见的有黑萤、姬红萤、窗胸萤等。

▲ 萤火虫

萤火虫为什么会发光？

　　萤火虫的发光是生物发光的一种。萤火虫的发光原理是：萤火虫有专门的发光细胞，在发光细胞中有两类化学物质，一类被称为荧光素，另一类被称为荧光素酶。荧光素能在荧光素酶的催化下消耗 ATP，并与氧气发生反应，反应中产生激发态的氧化荧光素，当氧化荧光素从激发态回到基态时会释放出光子。反应中释放的能量几乎全部以光的形式释放，只有极少部分以热的形式释放，反应效率为 95%，成虫也因此而不会过热灼伤。人类到目前为止还没办法制造出如此高效的光源。

▼ 萤火虫为夜空增添了无限魅力

你见过龙虱吗?

　　龙虱,俗称和味龙、水龟子,生活于田野、水沟、小溪等水体中,属水生昆虫。为甲虫的一种,隶属于鞘翅目之下的肉食亚目。

　　龙虱成虫呈长卵流线形,扁平,光滑,背面拱起,后足扁平,刚毛发达。触角为丝状,共 11 节,下颚的触须较短。常见个体大小为 10 ~ 20 毫米,部分物种身长可达 35 毫米以上。

　　龙虱的成虫和幼虫均以肉食性为主,喜食水中昆虫、孑孓、小鱼、蝌蚪等,部分亦属植食性和腐食性。成虫具有很强的趋光性,当它们见到灯光时便飞向高空,趋向光源。

▼ 龙虱

什么是金花虫？

金花虫是一群中、小型的甲虫，体长 1 ~ 16 毫米。主要分辨特征在于跗节节数，其跗节共有五节，但第四节通常退化而紧紧联结在第五节基部，因此可见跗节为四节。天牛也具有这个特征，而且有些金花虫外形与天牛非常相像，但天牛触角较长，且复眼内缘凹陷，可以作为辨别特征。此外，有些瓢虫长得像金花虫，但其跗节只有三节，所以很容易辨别。还有一些拟步行虫也很像金花虫，但它们的跗节可以清楚看到五节，因此也是很容易判定的。

金花虫是完全变态昆虫，生活史可分为卵、幼虫、蛹、成虫等四个阶段。台湾金花虫皆为植食性，大部分成虫均以特定植物为食，幼虫生活环境与食草多半与成虫相同。

瓢虫会游泳吗？

很少有人知道，瓢虫还是个游泳和潜水能手。有人做过这样一个实验：把一只瓢虫投放于洗脸盆中，这只瓢虫不仅能在水面上游泳，还能潜入水中自由行走。这个实验反复进行了多次，共计 20 分钟，最后瓢虫爬上洗脸盆边沿，在阳光下打开鞘翅晒干后飞走了。

▲ 瓢虫

甲虫家族

39

瓢虫能活多久?

瓢虫幼虫的生活单调乏味,它们每天游弋在花草之间,疯狂地捕食蚜虫。瓢虫的生命非常短暂,从卵生长到成虫时期只需要大约一个月的时间,所以无论什么时候,我们都可以在花园里同时发现瓢虫的卵、幼虫和成虫。

▲ 一只即将死去的瓢虫

瓢虫为什么"换装"?

瓢虫的幼虫胃口会随着成长而越来越大,圆圆的身体,鞘翅光滑,通常黑色的鞘翅上有斑纹,身体也在不断增长,它们必须挣脱旧皮肤的束缚,开始一个艰辛的历程——蜕皮。这个过程并不像我们脱掉旧衣服,再换一件大号外套那么简单。瓢虫一生之中要经历5～6次蜕皮,每次蜕皮后,身体都会继续增长,直到积蓄足够的能量步入虫蛹阶段。

◀ 正在捕食害虫的瓢虫

瓢虫化蛹是怎么回事？

化蛹是每一只瓢虫成长过程中都要经历的事情，当瓢虫准备化蛹时，它会先找一个安全的地方，把自己悬挂着附在叶面下，然后开始经历惊心动魄的转变。

它会从一个身体娇柔的幼虫变成体质强壮的成年瓢虫。这是一个令人难以想象的过程，幼虫的身体将被分解，然后重新组合、调整，再加以修饰装扮，这一切都是为了迎接它崭新的生命。

当它最后破蛹而出变为一只新的成年瓢虫时，还要经历一些转变，因为此时它的身体仍旧柔软娇嫩，尚未完全发育成熟，它必须暴露在阳光下，吸取养分，使它的体色慢慢加深，斑纹逐渐显露出来，几个小时后，它就会变得和花园中其他成年瓢虫一模一样了。

瓢虫有哪几类？

瓢虫为一种昆虫，瓢虫的"星"不同种类也不同。瓢虫分益虫和害虫，益虫如二星瓢虫、六星瓢虫、七星瓢虫、十二星瓢虫、十三星瓢虫、赤星瓢虫、大红瓢虫等，害虫如十一星瓢虫、二十八星瓢虫。在这当中大家最熟悉的就是七星瓢虫了，根据名字可以知道，这种小益虫的甲壳上有七颗"星"分布。

▶ 七星瓢虫形象特写

甲虫家族

41

"黄守瓜"的名字是怎么来的呢?

"黄守瓜"体长卵形,后部略膨大,体长 6 ~ 8 毫米。成虫体橙黄或橙红色,有时较深。上唇或多或少带些栗黑色。腹面后胸和腹部黑色,尾节大部分橙黄色。"黄守瓜"是瓜类蔬菜重要害虫之一。

▲ 西瓜田是黄守瓜聚集的地方

成虫除了冬季外,生活在平地至低海拔地区,在郊外丝瓜、黄瓜、胡瓜等农田中极为常见。成虫会啃食瓜类作物的嫩叶与花朵,危害颇为严重。因为其常见的黄色体色与啃食瓜类蔬菜的习性,所以人们叫它"黄守瓜"。

你知道黄守瓜的"同党"吗?

除黄守瓜外,另两种啃食瓜类蔬菜的甲虫为黄足黑守瓜和黑足黑守瓜。黄守瓜分布于河南、陕西,以及华东、华南、西南等地,在长江流域以南地区为害最烈;黄足黑守瓜主要分布在长江流域以南各省;黑足黑守瓜在陕西、甘肃等省均有分布。它们可以说是恶习相同的同党了。

▲ 黄守瓜

黄守瓜是怎样残害瓜类的？

黄守瓜成虫、幼虫都能为害。成虫喜食瓜叶和花瓣，还可危害南瓜幼苗皮层，咬断嫩茎和食害幼果。叶片被食后形成圆形缺刻，影响光合作用。瓜苗被害后，常带来毁灭性灾害。

幼虫在地下专食瓜类根部，重者使植株萎蔫而死。有时幼虫也蛀入瓜的贴地部分，引起腐烂，使其丧失食用价值。

▼ 黄守瓜是南瓜的最大破坏者

甲虫家族

独角仙是什么样子的?

　　独角仙，学名双叉犀金龟，又称兜虫，其幼虫又有鸡母虫之称。独角仙在我国一些地方较为常见，数量多，可危害森林。在用途上，独角仙可做观赏，是常见的宠物，又有很高的药用价值。

　　独角仙体大而威武。不包括头上的犄角，其体长就达 35 ～ 60 毫米，体宽 18 ～ 38 毫米，呈长椭圆形，脊面十分隆拱。体栗褐到深棕褐色，头部较小。触角有 10 节，其中鳃片部由 3 节组成。

　　雌雄异型，雄虫头顶生一末端双分叉的角突，前胸背板中央生一末端分叉的角突，背面比较滑亮；雌虫体型略小，头胸上均无角突，但头面中央隆起，横列三个小突，前胸背板前部中央有一"丁"字形凹沟，背面较为粗暗。三对长足强大有力，末端均有一对利爪，是爬攀的有力工具。

▶ 独角仙

独角仙还是药材?

独角仙除可做观赏外,还可入药治疗疾病。但只有雄虫才可以入药,夏季捕捉,用开水烫死后晾干或烘干备用。中药名独角螂虫,有镇惊、破淤止痛、攻毒及通便等功能。

▲ 独角仙除可做观赏外,还可入药

力气最大的甲虫是谁?

昆虫世界从来都不缺少大力士,如果在它们当中选择一个最有力气的,那么食粪金龟可能就要排名第一了。它体长仅十几毫米,但能拉动质量为其体重 1141 倍的重物,相当于一般人提起两辆满载货物的 18 轮大卡车,或者说 70 千克重的人提起 80 吨重物。它的力量比已知的最强昆虫犀金龟大 1/3,比蚂蚁大几百倍。

▼ 独角仙可以举起比它们体重重 800 倍的物体

甲虫家族

为什么蜣螂被称为"自然界的清道夫"?

蜣螂,俗名屎壳郎。蜣螂大多数喜食粪便,有"自然界的清道夫"的称号。蜣螂发现一堆粪便后,会用腿将粪便滚成一个球状并把粪球藏起来,然后慢慢吃掉。繁殖时期的雌蜣螂会将粪球做成梨状,将卵产在梨状球的颈部,并用土遮盖起来,幼虫孵出后,就以粪球为食。等到粪球被吃光,幼虫也已长大为成年蜣螂,破土而出了。

▲ 粪便一直都是蜣螂的最爱

巨蜣螂为什么喜欢跟着象群?

大雨过后,大象贪婪地享用着新生的植物,可是消化系统难以承受这突然增大的负荷,不少吞下去的食物又"奉还"到地面上。巨蜣螂是蜣螂中体型最大的一种,它的食物来源主要是大象的粪便。为了寻找大象,巨蜣螂常常要飞行很远的路程。一旦它嗅到了大象粪便的味道,便会一直沿着大象行走的路线追下去。当巨蜣螂追到目标之后,就会将翅膀一缩,猛地摔落到地面上,然后调整身体开始奔跑。巨蜣螂并不是真的在吃大象粪便,因为它无法吞食这些坚硬的东西,它只是食用大象粪便中的微生物和营养物。

◀ 象群的身后常常跟随着巨蜣螂

谁是昆虫世界的"最佳先生"与"最佳父亲"？

在我们生活的周边，经常会听到"最佳爸爸"这个称谓，这是人类对父亲的一种高度评价。那么，在昆虫世界里有这种"模范男性"吗？

雄性埋葬甲虫堪称"最佳先生"和"最佳父亲"。虽然其他一些昆虫，也都会在配偶生产时积极地配合，保护配偶和幼虫，有的积极采集食物，有的帮助建立巢穴等。但是，只有雄性埋葬甲虫会与雌性共同承担起所有父母的义务。如果雌性死亡，雄性埋葬甲虫会承担起所有的责任。

▲ 埋葬甲虫

你知道炮甲虫吗？

昆虫世界中最复杂的武器是"炮甲虫"所具有的。这个小甲虫有个逼真的"大炮"，包括一个炮塔，占据着整个后腹部。当它"开炮"的时候，有"哒哒"的声音，它的防卫性液体接触空气时还能产生雾气。炮甲虫的"大炮"，位于腹部最后几节，可以缩进，可以向任何方向弯转，能够向

◀ 遇到炮甲虫，蚂蚁只能甘拜下风

甲虫家族

前方、后方或两侧发射。如有蚂蚁或其他肉食昆虫袭击它，炮甲虫立即用炮塔向敌人瞄准，发射液体。蚂蚁受到喷雾的袭击，就不得不赶快撤退，事后还可能有后遗症间歇性发作。

炮甲虫的大炮非常有效，它的喷雾不仅可以瞄准，而且还可以连续迅速发射。几天没有发过一炮的炮甲虫，可以在 4 分钟内连续发射 29 次。有人进行过一组试验，使炮甲虫与大型蚂蚁对阵，在 200 次交锋之中，炮甲虫一次也没有受到看得出来的伤害。除了对付蚂蚁和甲虫以外，炮甲虫还能够打退螳螂和蜘蛛之类的凶猛的食肉敌人。

步甲有什么特点？

▲ 步甲

步甲成虫体长 1～60 毫米，一般中等大小；色泽幽暗，多为黑色、褐色，常带金属光泽，少数色鲜艳，有黄色花斑；体表光洁或被疏毛，有不同形状的微细刻纹。

成虫不擅飞翔，地栖性，多在地表活动，行动敏捷，或在土中挖掘隧道，喜潮湿土壤或靠近水源的地方。白天一般隐藏于木下、落叶层、树皮下、苔藓下或洞穴中。有趋光性和假死现象。在热带和亚热带地区，于植株上活动的种类较多。成虫、幼虫多以蚯蚓、钉螺、蜘蛛等小昆虫及软体动物为食，有些种类只取食动物的排泄物和腐殖质。生活史比较长，一般1～2年完成一代，以成虫或幼虫过冬。卵一般单产在土中。幼虫有三龄，老熟幼虫在土室中化蛹。

▲ 蚯蚓是步甲喜爱的佳肴

步甲科种的分布极广，各类群间的分化比较明显，是研究动物地理的理想对象。此外，步甲大多为捕食性，在自然界生物平衡及消灭害虫方面起着一定作用。我国的金星步甲大量捕食鳞翅目幼虫，是黏虫等害虫的重要天敌。但另一方面，步甲也有可能成为危险的害虫，如它们会大量捕食柞蚕幼虫和蛹，给饲养柞蚕的地区带来危害。

什么是虎甲？

虎甲体呈金绿色、赤铜色或灰色，并带有黄色的斑纹。头宽大，复眼突出。有三对细长的胸足，行动敏捷而灵活。虎甲也是肉食性，常在山区道路或沙地上活动低飞捕食小虫。有时静息路面，当人们步行在路上时，虎甲总是在行人前面三五米，头朝行人。当行人向它走近时，它又低飞后退，仍头朝行人，好像在跟人们闹着玩。因它总是挡在行人前面，故有"拦路虎"之称。

虎甲成虫长得虽很漂亮，但它的幼虫——骆驼虫却十分

▲ 虎甲

甲虫家族

丑陋。而骆驼虫奇特的自卫方法却能让我们旱地钓"鱼"，戏弄虎甲。原来骆驼虫受到了攻击，它就进行自卫，人们就是利用它这种自卫方式来钓它出来的，当人将草秆伸进洞里时，骆驼虫就用一对上颚咬住草秆，这时只要你快速将草秆拔出，就能把骆驼虫拉出来。

小骆驼虫还有自己的捕食方法，知道只靠自投罗网的猎物没有保证，便想出办法来引诱小动物。它轻轻摆动露在洞口的上颚和触角，模仿小草摆动的姿态，以此吸引小动物上钩。这种方法固然能收到猎食的效果，但有时也会暴露自己，引来天敌，有时反被吃掉。

你知道阎甲是什么吗？

阎甲是对鞘翅目阎虫总科阎甲科的统称。全世界约有3000种，我国有38种。阎甲体坚硬，表面光滑，有椭圆形、圆筒形等，多为黑色，或有黄褐或红色斑纹。头形小，大部分常被前胸背板前缘围绕。多数种类栖息于沙质地和海岸，有的在枯木树皮下其他蛀木甲虫的穿孔中生活，有的在蚂蚁和白蚁巢中营共栖生活，也有的在啮齿类的洞中生活。

▶ 阎甲

part 3

蝶和蛾家族

蝴蝶也长着和鱼一样的鳞片吗？

蝴蝶也有鳞，但是不要以为它们的鳞和我们常见的鱼类的鳞片一样。区分不同蝴蝶的依据主要是翅膀上不同的鳞片，它们五彩缤纷的翅膀就是由无数极细小的鳞片组成。这些鳞片一般含有反射黑色和棕色的黑色素，而蓝色、绿色、红色等其他颜色一般是由鳞片的微观结构造成，其光子晶体的性质经过光的散射出现不同的颜色。

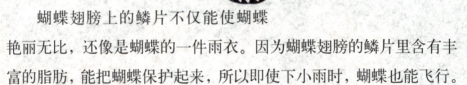

▲ 蝴蝶美丽的翅膀

蝴蝶翅膀上的鳞片不仅能使蝴蝶艳丽无比，还像是蝴蝶的一件雨衣。因为蝴蝶翅膀的鳞片里含有丰富的脂肪，能把蝴蝶保护起来，所以即使下小雨时，蝴蝶也能飞行。

蝶类吃什么呢？

蝶类成虫吸食花蜜或腐败液体。大多数幼虫为植食性，以杂草或野生植物为食。少部分种类的幼虫因取食农作物而成为害虫，还有极少种类的幼虫因吃蚜虫而成为益虫。

▲ 蝴蝶的天敌之———蜥蜴

谁是蝴蝶家族的天敌？

谁才是蝴蝶家族的天敌呢？其实那些以昆虫为食的所有动物都是蝴蝶的天敌。青蛙、蜥蜴、螳螂等就常趁蝴蝶在访花或睡觉时捕捉它们，鸟类、蜘蛛等也会捕捉飞行中的蝴蝶，蚂蚁则常捕食蝴蝶幼虫。

蝴蝶家族竟然有"酒鬼"？

蝴蝶中也有"酒鬼"。成熟的果子落到地面上，会慢慢发酵产生酒味。那些好酒的蝴蝶便远道寻味而来。如果捕蝶人带了浸过酒的布条，将它们挂在树枝上，就会引得树林里的蝴蝶翩翩飞来，聚集在酒布上过瘾，这时捕蝶人就可以获得一个大丰收。

蝴蝶能活多久？

蝴蝶的寿命长短不一，寿命长的可达 11 个月，寿命短的只有 2～3 个星期。在这段时期内，雄蝶忙着寻觅雌蝶交尾，雌蝶找寻寄主产卵，活动频繁，因此必须向自然界充分摄取养料，才能顺利完成它们传宗接代的神圣使命。

蝶和蛾家族

蝴蝶躲避天敌攻击的招数有哪些？

　　蝶类为了避害求存，除了警戒色和拟态之外，还采取种种自卫方式用以吓退外敌。例如，线纹紫斑蝶雄蝶在被捉时，能在其腹端翻出一对排攘腺迅即散发恶臭，使食虫鸟类等天敌不得已而舍弃，得免于害；凤蝶幼虫在其前胸前缘背面中央具有臭角一枚，当其受惊时，叉形臭角立即向外翻出，臭液挥发，恶臭难闻，使敌厌弃而免其害；红角大粉蝶的幼虫在受惊时，能抬举起虫体前五节，配合其腹面特有的斑纹，酷似攻击前的眼镜蛇的姿态，恐吓外敌，借以自卫。

▼ 凤蝶

▲ 巴西是邮差蝴蝶的故乡

你知道邮差蝴蝶吗？

邮差蝴蝶主要分布在南美洲的巴西，作为一个物种，它已经在地球上生存了数百万年，但作为一个"昆虫明星"，邮差蝴蝶为人们认知、喜爱的时间却只有 200 年。邮差蝴蝶的翅膀红黑相间，这种颜色也是它名字得来的原因，因为巴西的邮差服装就是黑红相间的。其中亮红色的部分意在警告可能的捕食者，其艳丽的斑纹明显表示，这种蝴蝶是有毒的，捕食者应该远离它们。

蝶和蛾家族

你知道伪装高手猫头鹰蝶吗？

猫头鹰蝶是举世闻名的强健大型蝶类。整个翅面酷似猫头鹰的脸，是极其巧妙的伪装，它是每一个蝴蝶收藏家都想得到的精品蝴蝶品种。猫头鹰蝶常常会避开明亮日光而在下午和黄昏飞翔，喜食发酵果实。猫头鹰蝶靠模仿凶猛的动物——猫头鹰来御敌。这是一类产在中美和南美地区的蝴蝶，大多成群生活于森林中，成虫在晨、昏时活动。

▲ 同样具有眼斑的黑树荫蝶

它们蝶翅的正面色彩亮丽，但后翅的反面有一对大大的圆形眼斑。当它展开双翅停息在树枝上时，酷似瞪大双眼的猫头鹰脸，天敌见了自然害怕，逃之夭夭。

巴西的国蝶是什么？

蓝闪蝶，又名蓝摩尔福蝶，是蛱蝶科闪蝶属中最大的一个种，是一种热带蝴蝶，也是巴西的国蝶。蓝色的翅膀十分绚丽，长约15厘米，其硕大的翅膀使它们能够快速地在天空飞翔。

成年雌蝶的翅膀表面呈蓝色，下表面与树叶十分相似，呈现斑驳的棕色、灰色、黑色或红色。幼虫的毛会引起人类皮肤的不适。蓝闪蝶生活在中美洲和南美洲，包括巴西、哥斯达黎加和委内瑞拉。

蓝闪蝶生活在哪里？

　　蓝闪蝶在新热带界的热带雨林出没，如亚马逊原始森林，也适应如南美干燥的落叶林和次生林林地。其飞行迅速。雄蝶有领域性，翅膀反射出的金属光泽是在向其他雄蝶表示其领域范围。主要栖息于森林里，有时也会冒险进入阳光明媚的空地以获得温暖。蓝闪蝶生活在中美洲和南美洲的 v 热带雨林，需要有 70% ~ 88% 的湿度水平，平均温度为 40℃。蓝闪蝶生活在树冠层，但常常冒险进入森林的地面，这样做是为了找到喜欢喝的果汁和烂水果。

▼ 蓝闪蝶的生活环境——热带雨林

你知道蓝闪蝶最喜欢吃什么吗？

蓝闪蝶的特别之处就在于它们会利用自己的色彩优势来保护自己。当有捕食者接近时，它们就会快速振动自己的翅膀，产生闪光现象来恐吓对方。这种热带蝴蝶并不是以花蜜为食，相反，它们更喜欢吃成熟热带水果，比如芒果、荔枝等的汁液。

▲ 蓝闪蝶

蓝闪蝶有什么自卫绝招呢？

蓝闪蝶幼虫一般群集生活，取食各种攀缘植物，特别是豆科植物，若遇到危险，会从体内的腺体发出刺激性气味，驱走捕食者。蛹的头部和翅上有各种突起，属于带蛹。寄主多为堇菜科、忍冬科、杨柳科、桑科、榆科、麻类、大戟科、茜草科等植物。成虫不好访花，常以吸食坠落的腐果、粪便等汁液为食。

为了生存，它们不得不进行一些变化，翅膀底部的颜色和树叶相同，为了伪装，在休息的时候会折翅，唯一显示的底面和树叶环境一致。即便如此，它们还是经常改变生活方式以保护自己。

你知道透翅蝶的隐身术吗？

透翅蝶，从名称就一目了然其特征，但它并不是唯一拥有透明翅膀的蝴蝶。在同科之中，另有几个种类的蝴蝶，同样有着透明的翅膀。透翅蝶主要分布在中、南美洲的巴拿马到墨西哥之间，翅膀薄膜上没有色彩也没有鳞片，这是造物者送给透翅蝶的"隐身术"，它可以轻易"消失"在森林里，而不被敌人轻易察觉它的存在。

▲ 透翅蝶

你知道地球上唯一的迁徙性蝴蝶吗？

黑脉金斑蝶是地球上唯一具有迁徙性的蝴蝶。在北美洲，黑脉金斑蝶会于8月至初霜向南迁徙，并于春天向北回归。在澳大利亚，黑脉金斑蝶会做有限度的迁徙。雌蝶会在迁徙时产卵。到了10月，落基山脉的群族会迁徙到墨西哥米却肯州的神殿内，西部的群族会在美国加利福尼亚州南部过冬。

◀ 黑脉金斑蝶是唯一具有迁徙性的蝴蝶

蝶和蛾家族

黑脉金斑蝶为什么喜欢有毒的马利筋?

　　马利筋,是一种广泛分布于落基山脉以东,北至加拿大、南至墨西哥等广大地区的多年生直立草本毒性植物,全株有含毒性的白色乳汁。每年的 5 月底到 6 月初,当黑脉金斑蝶从墨西哥迁飞回来时,它们会在长满马利筋的田野里停下来,它们对马利筋可谓情有独钟,因为雌蝶要在这种植物幼嫩的植株上产卵。它们落在叶面上,用多节的前腿确认是马利筋后,才将针头般大小的卵一个个地产在叶子下面,产完卵后不久便结束了它的一生。

　　3 ~ 10 天后,微小的白色幼虫孵化而出。幼虫从头至尾有黄、白、黑斑纹相间分布。幼虫以马利筋为食,先将卵鞘(昆虫及软体动物等装卵的保护囊)吃掉,然后切开叶脉,很快开始大量吮吸植物汁液。植物黏稠的汁液味苦且极具毒性,但却可以保护黑脉金斑蝶在发育阶段免于被捕食。

▲ 黑脉金斑蝶

为什么黑脉金斑蝶面对鸟类捕食不逃跑？

黑脉金斑蝶因幼虫时取食马利筋吸收了卡烯内酯（对心脏有毒害作用）而令捕食者望而生畏。它们经常飞行缓慢，遇到干扰也不逃离，而是有意显示它们的存在。一只初出茅庐的小鸟可能会捕食黑脉金斑蝶，但很快就会明白黑脉金斑蝶是不可食的。随后把这种蝴蝶的不快味道与其醒目的颜色联系起来，一旦遇到类似的蝴蝶就不再捕食。

▲ 一般蝴蝶经常成为飞鸟的大餐

稻眼蝶为什么在日本受宠？

稻眼蝶是一种水稻常见虫害，在我国河南、陕西以南，四川、云南以东各省均有分布。稻眼蝶蛹长15～17毫米，开始时是绿色，后变灰褐色。成虫体长15～17毫米，翅展47毫米，翅面暗褐至黑褐色，背面灰黄色。其幼虫毛毛虫因为长了张类似 Hello Kitty 的脸，让其在日本大为受宠。

◀ 稻眼蝶

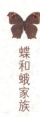

蝶和蛾家族

你知道板蓝根最怕哪种蝶吗？

　　菜粉蝶，又称菜青虫，属鳞翅目粉蝶科。寄主植物有十字花科、菊科、旋花科、百合科、茄科、藜科、苋科等9科35种，主要危害十字花科蔬菜，尤以芥蓝、甘蓝、花椰菜等受害比较严重。菜粉蝶分布全国各地，药材中以板蓝根受害严重，幼虫将叶片吃成缺刻和孔洞，危害严重时全叶被吃光，仅剩叶脉和叶柄，使板蓝根产量下降。

▼ 菜粉蝶

中华虎凤蝶幼虫是如何生存的？

中华虎凤蝶喜欢生活在光线较强而湿度不太大的林缘地带，飞翔能力不强，也没有其他凤蝶所有的那种沿着山坡飞越山顶的习性，因此只在特定的狭小地域内活动。它属于狭食性动物，经常寻访的蜜源植物主要有蒲公英、紫花地丁及其他堇科植物，也飞入田间吸食油菜花或蚕豆花蜜。日落前后就栖息于低洼沼泽地段的枯草丛中，

▲ 中华虎凤蝶

体表的色彩和条纹形成的警戒色可以使其在错杂的枯草背景上难以被天敌所发现。

中华虎凤蝶有群居的习性，孵出以后全部聚集在卵壳的附近，第二天便开始在杜蘅叶片背面的边沿，齐头并进地共同取食，到了夜晚就拥挤在叶下休息。在Ⅰ龄蜕皮之前，它们比较安静，不活跃，也从不离开叶片。在阴雨天常回到空卵壳附近，而一受到透过叶面的光照，便又到叶缘去取食，秩序井然，从不混乱。幼虫的第一胸节背面有一枚分叉的橙色臭角，受到惊扰时突然伸出，并发出臭气，如果触动它们，便迅速落地呈假死状态，大约经过 20 秒钟以后，再慢慢地爬回原处。

蝶和蛾家族

你知道灰蝶是什么吗？

　　最小的蝴蝶是产于阿富汗的渺灰蝶，其翅膀展开的宽度只有 0.7 厘米；最大的是产于印度和澳大利亚的拟蛾大灰蝶，翅膀展开的宽度达 8 厘米。灰蝶总科在蝴蝶中较为进化，包括灰蝶科、蚬蝶科、喙蝶科，约有蝴蝶 5000 多种。其中，灰蝶科的翅反面的花纹色彩与正面不同；触角每节有白色环，眼周围有一圈白毛。蚬蝶科的翅正面一般与反面相同，它与灰蝶科很相似，是从其中分出来的。喙蝶科下唇须和胸部一样长，它有些特征与蚬蝶科相似，说明喙蝶和蚬蝶有较近的亲缘关系。

灰蝶长什么样？

　　灰蝶翅展 15 ~ 28 毫米，体翅黑褐色，前翅中室端有一个黑斑，前后翅近外缘有一列橙色斑。翅反面灰褐色，除近外缘的一列红色斑纹外，有许多黑色斑点。在北方成虫发生期为 4 ~ 7 月。成虫喜欢访花，多接近地面飞行，体型很小。全国各地都有分布。

◀ 白波纹小灰蝶

谁才是世界上最大的蝴蝶？

亚历山大女皇鸟翼凤蝶是世界上最大的蝴蝶。它们是由罗斯柴尔德于1907年命名，目的是纪念英王爱德华七世的妻子亚历山大皇后（1844—1925年）。它们只分布在新几内亚东部的北部省。这种蝴蝶以往是分类在裳凤蝶属中，现已重新分类在凤蝶科鸟翼蝶属。另有建议将它们分类在单独一属中。此物种属于濒危物种。《濒危野生动植物物种国际贸易公约》（简称《华盛顿公约》）已将其收录。

▲ 美丽的金凤蝶

亚历山大女皇鸟翼凤蝶怎么繁殖？

雄性亚历山大女皇鸟翼凤蝶在早上会在寄生植物附近寻找雌蝶。雄蝶会徘徊在雌蝶附近，放出激素来引发交配行为。接受的雌蝶会让雄蝶降落，而不接受的雌蝶就会飞走或拒绝交配。雌性亚历山大女皇鸟翼凤蝶一生会产约27枚卵。初出生的幼虫会先吃其卵壳，再吃嫩叶。

▲ 亚历山大女皇鸟翼凤蝶

蝶和蛾家族

65

幼虫呈黑色，有红色的结节，在中间有奶白色的横纹。幼虫会环割寄生的植物，并会到毗连的植物上结蛹。蛹呈金黄色或黄褐色，有黑色斑纹。雄蝶蛹有木炭色的斑驳，最终会成为成虫的特别鳞片。由卵至成蛹约需6个星期，而蛹期约1个月或更长。成虫会选择在湿度较高的早上破蛹，以避免翅膀干枯。成虫寿命约为3个月。

为什么光明女神闪蝶被公认为最美的蝴蝶？

光明女神闪蝶（海伦娜闪蝶）是秘鲁国蝶，是世界上最美丽的蝴蝶。其前翅两端的蓝色有深蓝、湛蓝、浅蓝层次的变化，整个翅面犹如蓝色的天空镶嵌一串亮丽的光环，给人间带来光明。它的形状、颜色都无与伦比、无可挑剔。光明女神闪蝶主要生活在南美的秘鲁亚马逊河流域，如今基本绝迹。

▲ 光明女神闪蝶

皇蛾阴阳蝶为什么如此神秘？

◀ 阴阳蝶

皇蛾阴阳蝶是蝴蝶里最稀少的一种，在一千万只蝴蝶中才能发现一只。它的双翅的形状、色彩和大小各不相同，由于两翅形状不同，皇蛾阴阳蝶无法飞行，生命只有6天。

你知道蝴蝶翅膀有什么用途吗？

如果你仔细观察蝴蝶的翅膀，你一定会为上面那五彩缤纷的图案而赞叹不已。可是，你知道吗？蝴蝶身上多彩的翅膀可不仅仅是为了让我们大饱眼福的，它其实是用来隐藏、伪装和吸引配偶的。

邮差蝴蝶翅膀上的亮红色是对潜在的敌人发出的警告——"别吃我，我是有毒的！"这个信号的传递，我们称之为"警戒作用"。有时候，一些无毒的蝴蝶也伪装成有毒蝴蝶的样子，让捕食者敬而远之。

猫头鹰蝶名字的由来，显然是因为它们翅膀上那对巨大的眼状斑纹。它的功能是显而易见的——模仿瞪着眼睛的猫头鹰脸来恐吓附近的捕食者。

透翅蝶的翅膀有着独一无二的梦幻色彩。它翅脉间的组织是透明的，看上去像玻璃一样，因此得名。透明有助于透翅蝶轻易地逃离捕食者的视线。

◀ 色彩鲜艳的孔雀青蛱蝶

世界著名的拟态蝴蝶是哪个？

　　枯叶蛱蝶，属蛱蝶科，是世界著名的拟态蝴蝶。主要分布于我国的西南部和中部，喜马拉雅的低海拔地区。峨眉山的枯叶蝶属于中华枯叶蛱蝶，姿美色丽，拟态逼真。它身长4厘米，展翅为9厘米。停息时，两面翅紧收竖立，将身子深深地隐藏着，展示出翅膀的腹面。腹面全为古铜色，秋天酷似枯叶，也常常随着季节变化，色彩和形态都和叶色无异。一条纵贯前后翅中部的黑色条纹和细纹，很像树叶的中脉和支脉；后翅的末端拖着一条和叶柄十分相似的"尾巴"，枯叶蛱蝶静止在树枝上，很难分辨出是蝶还是叶。主要天敌有赤眼蜂、蜘蛛、蚂蚁和鸟类。

　　枯叶蛱蝶通常生活在树木茂盛的山岳地带，常见其出没于悬崖峭壁下葱郁的混交林间。雄蝶在活动时，常常飞栖到伸出在溪涧流水上空2米多高的阔叶树叶上，等候雌蝶飞过而追逐交尾，这时挥网兜捕，极易成功。如若漏网立即飞入丛林，栖止于藤蔓或树木枝干上。它飞行迅速，行动敏捷，凭借其翅酷似枯叶而隐匿起来，一时极难发现其栖息所在。它的栖息姿态是头端向下，尾部朝天，常静止在无叶的粗干上。该蝶普遍分布于低中海拔山区，雄蝶具强烈的领域性，喜欢停驻高点驱赶侵入领域内的蝶类，成虫5～8月间出现，喜欢吸食树汁、腐果。

▲ 黄带枯叶蝶

"飞蛾扑火"是为什么？

　　科学家经过长期观察和实验，发现飞蛾等昆虫在夜间飞行活动时，是依靠月光来判定方向的。飞蛾总是让月光从一个方向投射到它的眼里。飞蛾在逃避蝙蝠的追逐，或者绕过障碍物转弯以后，它只要再转一个弯，月光仍将从原先的方向射来，它也就找到了方向，这是一种"天文导航"。

　　飞蛾看到灯光，错误地认为是"月光"。因此，它也用这个假"月光"来辨别方向。月亮距离地球遥远得很，飞蛾只要保持同月亮的固定角度，就可以使自己朝一定的方向飞行。可是，灯光距离飞蛾很近，飞蛾按本能仍然使自己同光源保持着固定的角度，于是只能绕着灯光打转转，直到最后筋疲力尽而死去。

▼ 蝙蝠是飞蛾的最大威胁之一

蝶和蛾家族

棉铃虫也是蛾家族的一员吗？

棉铃虫，夜蛾科昆虫的一种，是棉花蕾铃期的大害虫。广泛分布在世界各地，我国棉区和蔬菜种植区均有棉铃虫害发生，黄河流域棉区、长江流域棉区受害较重。近年来，新疆棉区也时有发生。寄主植物有20多科200余种。棉铃虫是棉花蕾铃期重要钻蛀性害虫，主要蛀蚀蕾、花、铃，也取食嫩叶。

棉铃虫的成虫是灰褐色中型蛾，体长 15～20 毫米，翅展 31～40 毫米，复眼球形，绿色（近缘种烟青虫复眼黑色）。雌蛾赤褐色至灰褐色，雄蛾青灰色，棉铃虫的前后翅为夜蛾科成虫的模式，其前翅外横线外有深灰色宽带，带上有 7 个小白点，深纹，环纹暗褐色；后翅灰白，沿外缘有黑褐色宽深带，宽带中央有两个相连的白斑，后翅前缘有 1 个月牙形褐色斑。

▼ 棉铃虫是棉花的最大危害

▲ 美国拥有大面积的森林资源，然而每年所面对的白蛾危害压力也是非常巨大的

为什么美国白蛾是世界性检疫害虫？

    美国白蛾，又名美国灯蛾、秋幕毛虫、秋幕蛾，属鳞翅目灯蛾科白蛾属，是举世瞩目的世界性检疫害虫。主要危害果树、行道树和观赏树木，尤其以阔叶树为重。对园林树木、经济林、农田防护林等造成严重的危害，已被列入我国首批外来入侵物种。

蝶和蛾家族

谁才是蛾类中的巨无霸？

乌桕大蚕蛾是鳞翅目大蚕蛾科的一种大型蛾类，也是世界最大的蛾类，翅展可达 180 ~ 210 毫米。雄蛾的触角呈羽状，而雌蛾的翅膀形状较为宽圆，腹部较肥胖。其翅面呈红褐色，前后翅的中央各有一个三角形无鳞粉的透明区域，周围有黑色带纹环绕，前翅先端整个区域向外明显地突伸，像是蛇头，呈鲜艳的黄色，上缘有一枚黑色圆斑，宛如蛇眼，有恫吓天敌的作用，因此又叫蛇头蛾。这种蛾类十分珍贵，数量稀少，属于受保护的种类。

▲ 一只停落在叶上的蛾

为什么乌桕大蚕蛾成虫后寿命很短暂？

乌桕大蚕蛾因体型巨大被称为皇蛾，皇蛾的身体有毛，与其翅膀相比显得非常细小。皇蛾根据地理及亚种的分别而有着不同的体纹及颜色。雄性皇蛾的体型及翅膀均较雌性为小，然而其触须却比雌性皇蛾更为宽阔及稠密。成虫后的皇蛾口部器官会脱落，因此不能进食，它们仅靠幼虫时代吸取在体内的剩余脂肪维持生命，1 ~ 2 个星期后便会死去。

谁穿着美洲豹一样的"外衣"？

豹蛾，亦称梨豹蠹蛾、木豹蛾或者木蠹蛾，属于鳞翅目木蠹蛾科昆虫。分布广泛，幼虫系害虫。成虫体白色，毛蓬松，灰色翅（翅展 4～6 厘米）上有许多黑点和斑纹。夜间飞行，趋光性强。幼虫蛀蚀灌木和树，尤其苹果、梨、李等树的茎部，由于取食心材所以破坏严重。老熟幼虫长约 5 厘米，白色而肥胖，头部色暗，发育需 2～3 年。体型巨大的豹蛾或虎眼蛾，其翅膀上生有独特的黑环图案，好似美洲豹身上的豹纹。豹蛾翅膀上的清晰图案是一种警戒色，警告潜在捕食者"我们并不好吃"。

▲ 豹纹尺蛾

我国有哪些豹蛾？

作为一个大族群，我国发现的种类主要有芳香豹蛾、黄胸豹蛾、蒙古豹蛾、榆豹蛾、东方豹蛾、小豹蛾（小褐豹蛾）、沙蒿豹蛾、沙柳豹蛾、山地豹蛾、白斑豹蛾、石刁柏蠹蛾（龙须菜豹蛾）、六星黑点豹蠹蛾和咖啡豹蠹蛾等。

蝶和蛾家族

73

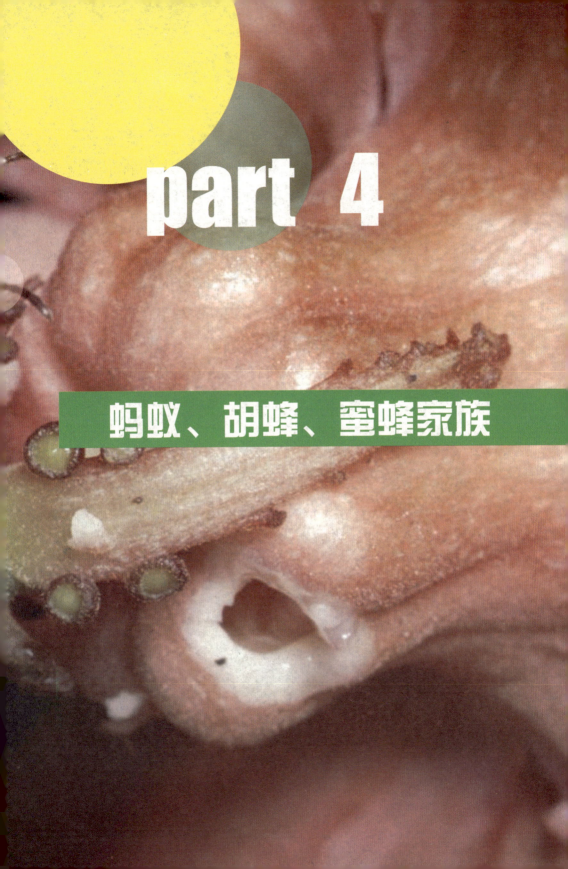

part 4

蚂蚁、胡蜂、蜜蜂家族

蚂蚁是一种什么样的动物？

　　蚂蚁是一种社会性的昆虫，属于膜翅目，蚂蚁的触角呈明显的膝状弯曲，腹部第1、2节呈结节状，一般都没有翅膀，只有雄蚁和没有生育的雌蚁在交配时有翅膀，雌蚁交配后翅膀即脱落。蚂蚁是完全变态型的昆虫，要经过卵、幼虫、蛹阶段才发展成成虫。蚂蚁的幼虫阶段没有任何生存能力，它们也不需要觅食，完全由工蚁喂养。工蚁刚发展为成虫的头几天，负责照顾蚁后和幼虫，然后逐渐地开始做挖洞、搜集食物等较复杂的工作，有的种类蚂蚁工蚁有不同的体型，个头大的头和牙也发育得大，经常负责战斗，保卫蚁巢，也叫兵蚁。

▼ 蚁穴边的两只蚂蚁

蚂蚁家族都有哪些角色?

1. 蚁后

有生殖能力的雌性，或称母蚁，又称蚁王，在群体中体型最大，特别是腹部大，生殖器官发达，触角短，胸足小，有翅、脱翅或无翅。主要职责是产卵、繁殖后代和统管这个群体大家庭。

▲ 蚂蚁是一种很团结的动物

2. 雌蚁

交尾后有生殖能力的雌性，交尾后脱翅成为新的蚁后，俗称"公主"或"天使"。

3. 雄蚁

雄蚁又称父蚁。头圆小，上颚不发达，触角细长。有发达的生殖器官和外生殖器，主要职能是与蚁后交配，俗称"王子"。

4. 工蚁

工蚁又称职蚁。无翅，是不发育的雌性，一般为群体中最小的个体，但数量最多。复眼小，单眼极微小或无。上颚、触角和三对足都很发达，善于步行奔走。工蚁没有生殖能力，其主要职责是建造和扩大巢穴、采集食物、饲喂幼虫及蚁后等。

5. 兵蚁

兵蚁是对某些蚂蚁种类的大工蚁的俗称，是没有生殖能力的雌蚁。头大，上颚发达，可以粉碎坚硬食物，在保卫群体时即成为战斗的武器。

蚂蚁、胡蜂、蜜蜂家族

为什么说小蚂蚁是"大力士"？

　　从上幼儿园那时候起，我们就知道小蚂蚁很有力气，这不仅仅是因为我们经常看到小蚂蚁拖着比自己身体大很多的食物往蚁巢"走"，更因为力学家测定，一只蚂蚁能够举起超过自身体重400倍的东西，还能够拖运超过自身体重1700倍的物体。美国哈佛大学的昆虫学家马克莫费特，是一位对亚洲蚁颇有研究的学者。根据他的观察，10多只团结一致的蚂蚁，能够搬走超过它们自身体重5000倍的蛆或者别的食物，这相当于10个平均体重70千克的彪形大汉搬运3500吨的重物，即平均每人搬运350吨。从相对力气这个角度来看，蚂蚁是当之无愧的大力士。

▼ 别看蚂蚁身材渺小，它们可是十足的大力士

▲ 正在通过身体接触进行交流的两只蚂蚁

蚂蚁同伴之间用什么方式联系？

　　蚂蚁是社会性很强的昆虫，彼此通过身体发出的信息素来进行交流沟通，当蚂蚁找到食物时，会在食物上撒布信息素，别的蚂蚁就会本能地把有信息素的东西拖回洞里去。

　　蚂蚁死掉后，它身上的信息素依然存在，当有别的蚂蚁路过时，会被信息素吸引，但是死蚂蚁不会像活的蚂蚁那样跟对方交流信息（互相触碰触角），于是它带有信息素的尸体就会被同伴当成食物搬运回去。

　　通常情况下，那样的尸体不会被当成食物吃掉，因为除了信息素以外，每一窝的蚂蚁都有自己特定的识别气味，有相同气味的东西不会受到攻击，这就是同窝的蚂蚁可以很好协作的基础。

　　蚂蚁在行进的过程中，也会分泌一种信息素，这种信息素会引导后面的蚂蚁走相同的路线。如果我们用手划过蚂蚁的行进队伍，干扰了蚂蚁的信息素，蚂蚁就会失去方向感，到处乱爬，所以我们不要随便干扰它们。

蚂蚁、胡蜂、蜜蜂家族

你知道蚂蚁"放牧"吗？

蚂蚁的食性广泛，有时为了改善单调的伙食，除狩猎外，还可以饲养放牧，以便改善营养结构。蚂蚁酷爱甜食，能够产蜜的昆虫常是它们的座上客，尤其是蚜虫贵宾，最受欢迎。蚜虫的尾部可以产生"蜜露"，每当蚂蚁遇到蚜虫，就用触角轻触蚜虫肚皮，顿时放出一滴蜜露，蚂蚁如获至宝，尽情享用。为了能长期食用这种佳肴，蚂蚁对蚜虫关怀备至。它们把蚜虫搬来搬去，使它们产出更多的蜜露，若是冬季到来，蚂蚁则把蚜虫卵运到巢中越冬，待来年春天时，再运回到树上。这与人类饲养家畜、放牧奶牛的行为极为相像。当然，蚂蚁的"家畜"不仅一种，介壳虫、白蜡虫和小灰蝶幼虫都是它们的养殖对象。

▼ 酷爱甜食的蚂蚁正在接近花蕊，想要采食花蜜

▲ 成群的行军蚁

行军蚁的名字是怎么来的?

　　行军蚁集体去捕食猎物的时候,出发时会排成密集及规则的纵队,而有些行军蚁采取广阔的横队队形前进。它们一离开宿营地,就分支再分支,包抄并围攻猎取对象。所有的软体昆虫和行动迟缓的昆虫,都会成为它们的口中物。它们将猎物撕咬成碎片,以便携带,然后再以行军的队形前进。主力部队前进时,前卫线上和两翼是长着巨颚的兵蚁,中间是工蚁。大军前进时如汹涌的潮水,有人看见过 15 米宽的行军蚁队列,猎物立即会被淹没掉。

蚂蚁、胡蜂、蜜蜂家族

你知道切叶蚁有趣的进食程序吗？

　　切叶蚁的食物加工过程很有趣。体型最大的工蚁离巢去搜索它们喜好的植物叶子，利用刀子一样锋利的牙齿，通过尾部的快速振动使牙齿产生电锯般的作用，把叶子切下新月形的一片来。同时，它们发出信号，招来其他工蚁加入到锯叶的行列中。切下一片叶子的工蚁就背着自己的"劳动成果"回到蚁穴去。它们每分钟能行走180米，相当于一个人背着220千克的东西，以每分钟12千米的速度飞奔，可见其速度与体能之惊人。切叶蚁在巢穴中利用植物材料种植真菌"蘑菇"。植物材料是它们从周围的植物上切割下来的叶子、花瓣或者其他的部分。一旦探路的蚂蚁发现了合适的植物，它就会留下一条气味组成的路径，然后回去召集同伴。

▼ 长相很特别的切叶蚁

▲ 蘑菇是最常见的真菌

为什么说真菌对切叶蚁有着重要的意义？

　　真菌对切叶蚁具有非常重要的意义，可以说是它们的救命草，因此它们十分注意呵护、培育真菌。切叶蚁用昆虫的尸体或植物残渣之类的有机物质培育真菌。它们把真菌悬挂在洞穴的顶上，并用毛虫的粪便来"施肥"。切叶蚁对于真菌园的管理十分认真，特别是那些专门担任警卫工作的兵蚁，简直不敢离开寸步，生怕外来蚁入室偷窃。一旦发现不速之客，它们个个勇猛异常，与入侵者展开殊死搏斗。

食人蚁为什么让人不寒而栗？

　　食人蚁的食性极杂，从地面上的各种动植物到枯枝腐肉几乎无所不吃。在北非尼罗河流域，生活着一种长近1厘米的黑蚂蚁，别看它们貌不惊人，却有着一副大胃口，无论是人还是兽类，都在它们的猎取范围之内。这种蚂蚁因此也被当地人称为"食人蚁"。

　　当一个黑蚁群发现了一头野牛的尸体，就会从四面八方涌上来，几十分钟后当蚁群散去，你能见到的，就只是一具惨白的骨骸了。

　　而当老虎、狮子等大型食肉动物，甚至包括人，一旦遭遇到这种蚁群，如果反应不快，有时同样会遭遇厄运。

▼ 疯狂的食人蚁

▲ 木材经常成为白蚁的寄生地与食物

白蚁和普通蚂蚁有什么不同?

　　白蚁与蚂蚁虽一般同称为蚁,但白蚁属于较低级的半变态昆虫,蚂蚁则属于较高级的全变态昆虫。根据化石判断,白蚁可能是由古直翅目昆虫发展而来,最早出现于 2 亿年前的二叠纪。白蚁的形态特征与蚂蚁有明显的不同。白蚁体软而小,通常长而圆,白色、淡黄色、赤褐色直至黑褐色。头前口式或下口式,能自由活动。触角念珠状,腹基粗壮,前后翅等长;蚂蚁触角膝状,腹基瘦细,前翅大于后翅。白蚁分布于热带和亚热带地区,以木材或纤维素为食。白蚁是一种多形态、群居性而又有严格分工的昆虫,群体组织一旦遭到破坏,就很难继续生存。

蚂蚁、胡蜂、蜜蜂家族

白蚁家族分布在哪里？

白蚁遍布于除南极洲外的六大洲，其主要分布在以赤道为中心，南、北纬度45°之间。全世界已知白蚁种类有3000余种，据美国科学家的电脑模拟分析，全球白蚁资源数量人均约占有0.5吨，而以白蚁的个体重量为1克计算，人类拥有的白蚁个体数人均约有50余万只，这是一个令人震惊的数字，但事实确实如此。

"千里之堤，溃于蚁穴"是怎么回事？

白蚁危害江河堤防的严重性在我国古代文献上已有较为详细的记载，近代的记载更为详尽。其种类有土白蚁属、大白蚁属和家白蚁属。它们在堤坝内密集营巢，迅速繁殖，蚁道四通八达，有些蚁道甚至穿通堤坝的内外坡，当汛期水位升高时，这些堤坝常常出现管漏险情，更烈者则酿成塌堤垮坝的严重后果。

▶ 再坚固的堤坝也禁不起白蚁的折腾

什么是胡蜂？

▲ 黄蜂

胡蜂是黄蜂的一种，是膜翅目细腰亚目中胡蜂总科的统称。世界上已知有 5000 多种，我国记载的就有 200 余种，分布甚广。

胡蜂有很多别名，如黄蜂、马蜂、地王蜂（广西）、地龙蜂、红头蜂（云南、贵州）、大土蜂（闽南语），还有台湾大虎头蜂、中华大虎头蜂、黑腰蜂（云南、贵州）。

你知道胡蜂的生活习惯吗？

胡蜂是有社会性行为的昆虫类群。蜾蠃科的种类平时无巢，自由生活，在产卵时，由雌蜂筑一泥室或选择合适的竹管，产卵其中，同时贮藏捕来之后经螫刺麻醉的其他昆虫的幼虫或蜘蛛。一室一卵，分别封口，由卵孵出的幼虫取食所贮存的猎物。化蛹和羽化成蜂以后，即咬破巢口飞出。

◀ 胡蜂特写

蚂蚁、胡蜂、蜜蜂家族

切叶蜂的巢是什么样的？

　　你在花园里若见到玫瑰花叶或其他植物叶被切成整整齐齐的椭圆形，那就是切叶蜂的杰作。切叶蜂在地下或空心木里筑成里面包含一系列蜂房的独立巢，每一个蜂房里都有好几层树叶或花瓣，大小不相上下，就好像有个样本似的。事实上这种蜂真是有一个样本，这个样本就是它自己的身体。母蜂要切一片小银币那样大小的椭圆形叶子时，它就用后脚把自己钉在这片叶子边缘上，然后把自己的身体当圆规使用，在叶子上画个圆圈，它边转动，边用两片大颚剪那片叶子。剪下的叶子大小永远一样，因为蜂的身体没有变化。叶子一张张重叠起来，被踏成顶针的形状，里面放上花蜜和花粉。切叶蜂在第一个蜂房产了一粒卵以后，开始在这个蜂房上面以同样方式建造另外一个蜂房。

▶ 马蜂窝

被胡蜂螫伤了怎么办？

1. 轻度螫伤

胡蜂毒是碱性的，所以应该立即用酸性水冲洗。

2. 中度螫伤

立即用手挤压被螫伤部位，挤出毒液，这样可以大大减少红肿和过敏反应。或者，立即用食醋等弱酸性液体洗敷被螫处，

▲ 胡蜂螫伤除了自我消毒，要尽快就医

伤口近心端结扎止血带，每隔15分钟放松一次，结扎时间不宜超过2小时，尽快到医院就诊。

什么是食甲虫蜂？

食甲虫蜂是很凶猛的一种胡蜂，它能斗过很多种甲虫，因此就引起了不少人的注意。只要有一只可食的甲虫进入它的攻击范围，这种蜂就会立刻追上把它抓住，摔倒在地，并拖住触角不放。而甲虫只好拼命搏斗、抵抗和挣扎。在厮杀中，甲虫一旦翻转身体，这种蜂就趁机把毒刺准确地刺入其胸腔的一定部位，因为这里有支配躯体运动肌的神经末梢。食甲虫蜂像熟练的外科医生，每次都能保证手术成功。甲虫失去了活动能力，陷入了瘫痪状态，但没有死。于是，这种胡蜂就把甲虫拽入洞穴。这种胡蜂的幼虫十分喜食美味的甲虫，它首先把甲虫身上的柔软部分吃掉，然后再一点点吃掉其他部分。

蚂蚁、胡蜂、蜜蜂家族

蜜蜂的刺有什么秘密?

　　蜜蜂的刺并不像胡蜂的刺那样光滑,它的刺上长着小小的倒钩,就像豪猪的刺一样,刺进去就很难拔出来。如果它刺进其他动物后立即飞走,它的后腹部就会被拉脱,并因伤致死。这种毒刺的能够脱落的特性,并非一个缺点,因为它对蜂巢更有好处。脱落了的后腹部之中有毒腺,还有神经控制能力。这些毒腺在即将丧命的蜜蜂飞走以后,仍继续向刺入的伤口放毒。这时要把毒刺拔出来,把毒汁多挤一些出来才行。因此,刺一下虽然使那个行刺的蜜蜂死亡,却由于它的行动,使蜂巢获得安全。牺牲几个不能生育的雌蜂,而使蜂巢免遭跑来夺蜜的熊或其他动物的侵犯,这对于整个蜂群而言还是值得的。蜜蜂所螫的如果是其他昆虫,则行刺的蜜蜂不致死亡,因为它可以把倒钩从那个昆虫的身体里拔出来。

▼ 正在采集花蜜的蜜蜂

▲ 蜜蜂与花

为什么说蜜蜂还处在"母系氏族社会"？

在蜜蜂家族里，它们仍然过着一种母系氏族生活。蜜蜂一生要经过卵、幼虫、蛹和成虫 4 个形态转换过程。在它们这个群体大家族的成员中，有一个蜂王（蜂后），它是具有生殖能力的雌蜂，负责产卵并繁殖后代，同时"统治"这个大家族。蜂王虽然经过交配，但不是所产的卵都受了精。它可以根据群体大家族的需要产卵：产下受精卵，工蜂喂以花粉，蜂卵 21 天后发育成雌蜂（没有生殖能力的工蜂）；也可以产下未受精卵，24 天后发育成雄蜂。当这个群体大家族成员繁衍太多而造成拥挤时，就要分群。分群的过程是这样的：由工蜂制造特殊的蜂房——王台，蜂王在王台内产下受精卵，小幼虫孵出后，工蜂给以特殊待遇，用它们体内制造的高营养的蜂王浆饲喂，16 天后这个小幼虫发育为成虫时，就成了具有生殖能力的新蜂王，老蜂王即率领一部分工蜂飞去另成立新群。

蚂蚁、胡蜂、蜜蜂家族

蜜蜂的蜂巢为什么是六边形？

▲ 蜂巢内壁

蜂巢如果呈圆形或八边形，会出现空隙；如果是三角形或四边形，则面积会减小，在这些形状中六边形是最好的。这种六边形排列而成的结构叫作蜂窝结构。因这种结构非常坚固，故被应用于飞机的羽翼及人造卫星的机壁制造。

蜂巢内外面的巢穴刚好一半相互错开，相互组合六边形的边交叉的点是内侧六边形的中心，这是为了提高强度，防止巢房底破裂。另外，从剖面图可知，两面的巢房方向都是朝上的，工蜂在巢房中哺育幼虫、贮藏蜂蜜和花粉，蜂巢形成 9°～14° 的角度，可防止蜂蜜流出。

蜂巢的结构真是让人吃惊，可以说是自然界的鬼斧神工。

蜜蜂能飞多快？

蜜蜂的飞行时速为 20～40 千米，高度 1 千米以内，有效活动范围在离巢 2.5 千米以内。所有的蜜蜂都以花粉和花蜜为食，采集花蜜是一项十分辛苦的工作，蜜蜂采集 1100～1446 朵花才能获得

1 蜜囊花蜜。在流蜜期间，1 只蜜蜂平均每日采集 10 次蜜，每次载蜜量平均为其体重的一半，一生只能为人类提供 0.6 克蜂蜜。花蜜被蜜蜂吸进蜜囊的同时即混入了上颚腺的分泌物——转化酶，蔗糖的转化就从此开始，经反复酿制蜜汁并不停地扇风来蒸发水分，加速转化和浓缩直至蜂蜜完全成熟为止。

蜜蜂怎么过冬？

从春季到秋末，在植物开花季节，蜜蜂天天忙碌不息。冬季是蜜蜂唯一的短暂休闲时期。但是，寒冷的天气、蜂巢内的低温，对蜜蜂都是不利的，因为蜜蜂是变温动物，它的体温随着周围环境的温度改变。智慧不凡的小蜜蜂想出了特殊的办法抵御严寒。当巢内温度低到 13℃时，它们在蜂巢内互相靠拢，结成球形团在一起，温度越低结团越紧，使蜂团的表面积缩小、密度增加，防止降温过多。据测量，在最冷的时候，蜂球内温度仍可维持在 24℃左右。同时，它们还用多吃蜂蜜和加强运动来产生热量，以提高蜂巢内的温度。

天气寒冷时，蜂球外表温度比球心低，此时在蜂球表面的蜜蜂向球心钻，而球心的蜂则向外转移，它们就这样互相照顾，反复地交换位置，度过寒冬。在越冬结球期间它们是怎样取食存放在蜂房中的蜜糖的呢？聪明的小蜜蜂自有妙法。它们不需解散球体，各自爬出取食，而是通过互相传递的办法得到食料。这样可保持球体内的温度不变或少变，以利于安全越冬。

◀ 蜜蜂们十分懂得团结协作

怎样才能产出更多的蜂王浆？

要想让工蜂更多地分泌蜂王浆，首先必须有足够的蜜源和强壮的蜂群，俗话说"强群多产浆"。夏季是健康而年轻的蜂王的繁殖盛期，一天能产 2000 个左右的卵，这样蜂群便可不断发展壮大。这时工蜂有了王台和饲喂蜂王幼虫的"要求"，它们就有可能从咽腺分泌出大量的蜂王浆。

蜜蜂家族里雄蜂的任务是什么？

雄蜂的任务是和处女蜂王交配后繁殖后代，雄蜂不参加酿造和采集生产，个体比工蜂大些。雄蜂是由未受精卵发育而成的，它在较大雄蜂房里发育，工蜂对它的哺育也较好。雄蜂幼虫的食量要比工蜂幼虫大 1 倍左右。雄蜂生殖系统的发育需要较长的时间，羽化出房后还要经过 8 ~ 14 天才能达到性成熟。雄蜂性成熟时，其精巢内的精小管有大量的精子成熟，并逐步地排到贮精囊中。一般一个雄蜂的贮精囊中的精液量为 1.5 ~ 2 微升，每微升精液平均有精子 750 万个。精子的数量和活力对蜂群后代的遗传性状和发育具有直接影响。因此，选育优质遗传基因的种群做父本与选择优质蜂王同等重要。

◀ 忙碌工作的蜜蜂

为什么蜂群里不能缺少工蜂？

　　工蜂的任务主要是采集食物、哺育幼虫、泌蜡造脾、泌浆清巢、建造蜂巢、保巢攻敌等。蜂巢内的各种工作基本上都是工蜂来做，工蜂与蜂王一样也是由受精卵发育成的。哺育工蜂对工蜂幼虫的照料不如对蜂王幼虫那样周到，仅在孵化后的头3天内饲喂蜂王浆，而自第4天起就只饲喂蜜粉混合饲料。这种饲料的营养不如蜂王浆高，而且缺乏促进卵巢发育的生物激素，因此，工蜂的生殖器官发育受到抑制，直到羽化为成蜂，其卵巢内仅有数条卵巢管，失去了正常的生殖功能。所以，它们是发育不完全的雌性蜂。

　　工蜂的寿命一般是30～60天。在北方的越冬期，工蜂较少活动，没有参加哺育幼虫的越冬蜂可以活到5～6个月。每群的工蜂量决定蜂群的兴盛。

▼ 蜂蜜

蚂蚁、胡蜂、蜜蜂家族

你知道和蜜蜂有关的数字吗?

要酿出 500 克蜂蜜,工蜂需要来回飞行 3.7 万次采集花蜜,带回蜂房。

蜜蜂的翅膀每秒可扇动 200 ~ 400 次。

蜜蜂飞行的最高时速是 40 千米。当它满载而归时,飞行时速为 20 ~ 24 千米。一个蜂巢平均有 5 万个蜂房,居住着 35000 只忙碌的蜜蜂。一只毛茸茸的蜜蜂身体上能粘住 5 万 ~ 75 万粒花粉。

一汤匙蜂蜜可以为蜜蜂环绕地球飞行一圈提供足够的能量。

夏季工蜂的寿命是 38 天,冬季它们的寿命最长可达 6 个月。

蜂王的寿命一般是 3 ~ 5 年。

借助 5 只复眼和 3 只单眼,蜜蜂的视角几乎可以达到 360°。

▼ 人工割蜂蜜的情景

part 5

蝇家族

你知道蝇吗？

▲ 苍蝇

　　双翅目包括蚊、蠓、蚋、虻、蝇等，是昆虫纲中较大的目。由于成虫前翅为膜质，后翅退化成"平衡棒"而得名。双翅目分为长角、短角和环裂 3 个亚目。长角亚目的触角在 6 节以上，包括蚊、蠓、蚋，是比较低等的类群；短角亚目触角在 5 节以下，一般 3 节，通称"虻"；环裂亚目就是我们通称的"蝇"。

　　蝇为完全变态昆虫。生活史有卵、幼虫、蛹和成虫 4 期。多数种类产卵，有些种类（如狂蝇、舌蝇、多数麻蝇等）直接产幼虫。

　　卵为香蕉形，长约 1 毫米，乳白色，常数十至数百粒堆积成块。在夏季，卵产出后 1 天即可孵化。

　　幼虫除少数体扁和节上有棘状突外，多数为圆柱形，前尖后钝。无足无眼，多呈乳白色。幼虫在孳生场所经 2 次蜕皮发育为成熟的Ⅲ龄幼虫后，即爬到孳生物周围疏松的土层内，虫体缩短，表皮变硬而化蛹。在夏秋季，家蝇幼虫期为 4 ~ 7 天。

蝇喜欢吃什么？

　　成蝇根据食性分为三类：不食蝇类口器退化，仅存遗迹，如狂蝇、皮蝇和胃蝇科蝇类；吸血蝇类以动物与人的血液为食，雌、雄性均吸血，如螫蝇属和舌蝇属的蝇种；非吸血蝇类的食性包括蜜食性（如污蝇食花蜜）、粪食性（如腐蝇和厕蝇喜食人粪）和杂食性（如住宅区多种蝇类）。对于后者而言，腐败的动植物，人和动物的食物、排泄物、分泌物和脓血等均可为食。蝇取食频繁，且边吐、边吸、边排粪，该习性在蝇类机械性传播疾病方面具有重要意义。

苍蝇靠什么来闻味？

苍蝇以前翅发达、后翅退化成平衡棒的主要特征区别于其他昆虫。头部有一对圆圆的复眼，两眼之间距离的远近是识别雌雄蝇的标志。两眼距离较远的是雌蝇，两眼距离较近的是雄蝇。头部前面有一对短小的触角，是苍蝇灵敏的嗅觉器官。

苍蝇是怎么越冬的？

蝇除卵以外的各期都可越冬，越冬虫期因虫种或地区不同而异。通常厕蝇属、绿蝇属的种类以幼虫越冬者居多，厩螫蝇、金蝇、丽蝇、麻蝇等属的一些种类以蛹越冬者居多，厩腐蝇、红头丽蝇等则以成虫越冬，而家蝇在不同地区可以不同虫期越冬。以幼虫越冬者多在孳生物底层，以蛹越冬者多数在孳生地附近的表层土壤中，成虫则在暖室、地窖、地下室等温暖隐蔽处越冬。

◀ 令人恶心的苍蝇

蝇家族

99

蝇的天敌有哪些？

苍蝇的天敌有三类：

一是捕食性天敌，包括青蛙、蜻蜓、蜘蛛、螳螂、蚂蚁、蜥蜴、壁虎、食虫虻和鸟类等。鸡粪是家蝇和厩蝇的孳生物，但其中常存在生性凶残的巨螯螨和蠼螋，会捕食粪类中的蝇卵和蝇蛆。

二是寄生天敌，如姬蜂、小蜂等寄生蜂类，它们往往将卵产在蝇蛆或蛹体内，孵出幼虫后便取食蝇蛆和蝇蛹。有人发现，春季挖出的麻蝇蛹体 60.4% 被寄生蜂侵害而夭亡。

三是微生物天敌，日本学者发现森田芽孢杆菌可以抑制苍蝇孳生，我国学者也发现蝇单枝虫霉菌同样可以让苍蝇失去生育能力。

▼ 蝇类的天敌、人类的好朋友——青蛙

蝇的幼虫有什么生活习性？

蝇的幼虫专门捕食成群危害植物健康的蚜虫或介壳虫，对抑制害虫有非常大的贡献。寄生蝇幼虫会寄生在蝴蝶、蛾幼虫的体内，成熟后再钻出寄主体外化蛹，造成寄主死亡，无形中降低了农作物受害的机会。果实蝇的雌蝇常在果园或农田的果实上产卵，好让幼虫寄居果实生长，但也使这些果实丧失食用价值，造成经济上严重的损失。

▲ 苍蝇

蝇对人类有益处吗？

在临床医学上，活蝇蛆可接种于伤口之中，起杀菌清创的作用。富含蛋白质的蝇蛆，粗蛋白质含量高达 60% 以上，高于人类大量使用的鱼粉。蝇蛆体内更富含人体所需的必需氨基酸，是重要的饵料、饲料，可用于工厂化生产。

▼ 蝇体内的氨基酸是工厂重要的合成氨基酸的原料

蝇家族

为什么蝇的两只触角喜欢不停摩擦？

苍蝇特别爱吃味道比较重的，如糖和油炸的食物。苍蝇没有鼻子，但是它有另外的味觉器官，并且还不在头上或脸上，而是在脚上。只要它飞到了食物上，就先用脚上的味觉器官去品一品食物的味道如何，然后再用嘴去吃。因为苍蝇很贪吃，又喜欢到处飞，所以见到任何食物都要去尝一尝，如此一来，苍蝇的脚上就会沾有很多的食物，既不利于苍蝇飞行，又阻碍了它的味觉。所以，苍蝇把脚搓来搓去，是为了把脚上粘的食物搓掉。

▲ 油炸食物很容易吸引苍蝇

蝇的触角给人类什么启发？

苍蝇的嗅觉感受器分布在触角上，每个感受器是一个小腔，它与外界相通，含有感觉神经元的嗅觉杆突入其中。由于每个小腔内都有上百个神经元，所以这种感受器非常灵敏。用各种化学物质的蒸气刺激苍蝇的触角，从头部神经节引导生物电位时，可记录到不同气味的物质产生的电信号，并能测量出神经脉冲的振幅和频率。

认识了苍蝇嗅觉器官的奥秘之后，科学家们得到了启发，他们利用苍蝇嗅觉灵敏、快速的特性，仿制成了十分灵敏的小型气体分析仪。这种仪器现已装置在航天飞船的座舱内，正为揭示宇宙的奥秘而工作。小型气体分析仪也可用来测量潜水艇和矿井里的有毒气体，以便及时发出警报。苍蝇嗅觉器官的功能原理，还可以用来改进计算机的输入装置，以及应用在气体色层分析中。

你知道怎么区分蝇的雌雄吗？

首先，从它们的个体看，群体中个体较小的一般为雄性，个体较大的一般为雌性。其次，看它们的肚子，雄性苍蝇的肚子小而扁，雌性苍蝇的肚子大而圆。最后，看它们的屁股，雄性苍蝇的屁股是圆形的，雌性苍蝇的屁股是尖的。

大头金蝇长什么样？

大头金蝇复眼鲜红，雄性两眼前缘合生，额狭似线，复眼上部 2/3 的小眼面很大，下部 1/3 的小眼面很小，二者界限鲜明，在整个长度内约有小眼面 25 排。大头金蝇的雌性额宽与眼宽相等，间额宽为一侧额的 2 倍或更宽，颊和触角大部分呈橙黄色。雄性腹侧片和第二腹片大部具黑毛，雌性大部具黄毛。腋瓣深棕色，缘缨除上、下腋瓣交接处呈白色外，大部分灰色至黑色。

▶ 苍蝇嗅觉灵敏

蝇家族

103

为什么有时候红头丽蝇会帮助侦破命案？

根据红头丽蝇出现在尸体的时间，可以帮助推断合理的死亡时间。

在冬季，红头丽蝇较多会出现在尸体上。它们飞行及活动的起点温度较其他苍蝇为低，为13～16℃，故在寒冷的季节出现率较高。

红头丽蝇成虫会在死亡后两天到达尸体，故死亡时间是蛆的年龄加上2天的时间。

红头丽蝇的危害有哪些？

红头丽蝇是丽蝇科丽蝇亚科昆虫的一种。世界性分布。成虫体长6～13毫米，多呈蓝色，不十分光亮。体表粉被较密，尤以胸部为甚。幼虫以尸食为主，孳生于畜骨堆、畜毛堆、动物尸体和腐败质中，冬季幼虫在垃圾堆或杂骨堆中越冬。成虫一般在春季和晚秋出现。红头丽蝇为病媒性蝇类，会给人类带来许多疾病，通过机械携带和生物传播病原体，如脊髓灰质炎病毒、口蹄疫病毒、痢疾杆菌、破伤风杆菌、霍乱弧菌、蠕虫病和蛔虫病等多种疾病。

什么是果蝇？

果蝇广泛地存在于全球温带及热带气候区，而且由于其主食为

▲ 果蝇

腐烂的水果，因此在人类的栖息地内，如果园、菜市场等地区内皆可见其踪迹。除了南北极外，目前至少有 1000 个以上的果蝇物种被发现，大部分的物种以腐烂的水果或植物体为食，少部分则只取用真菌、树液或花粉为其食物。

果蝇的体型较小，身长 3 ~ 4 毫米。近似种鉴定困难，主要特征是具有硕大的红色复眼。雌性体长 2.5 毫米，雄性较之还要小。雄性有深色后肢，可以此来与雌性区分。雌雄鉴别方法：雌果蝇体型大，末端尖；背面有环纹 5 节，无黑斑；腹面有腹片 7 节；第一对足跗节基部无性梳（性梳是决定雌雄果蝇的第二性征）。雄果蝇体型小，末端钝；背面有环纹 7 节，延续到末端呈黑斑；腹面有腹片 5 节；第一对足跗节基部有黑色鬃毛状性梳。

果蝇对人类有什么帮助？

科学家发现，小果蝇对危害人类健康的家居装饰材料所散发的有毒气体非常敏感，这种有毒气体一般被称为"隐形杀手"。作为一种真核多细胞昆虫，果蝇有类似哺乳动物的生理功能和代谢系统，对空气质量非常敏感，果蝇的异常表现能反映室内空气污染。目前，

蝇家族

▲ 东方果食蝇

对于人类健康的威胁，室内空气污染已列十强之一。这些有毒物质主要是不合格家居装饰材料所排放，其在中国污染原因年度报告上的死亡人数已经超过了1万人。所以，果蝇也有它有用的一面。

你知道丝光绿蝇吗？

丝光绿蝇即是臭名昭著的"绿豆蝇"，是一种丽蝇科昆虫，广泛分布于除南极洲、南美洲之外的亚非欧美各大陆。丝光绿蝇体长5～10毫米，具金绿色的金属光泽。触角黑褐色，第三节为第二节的3～4倍，触角芒短，两侧有羽状分支。雄性两眼分离，额最狭处，侧额宽为间额的一半，雌性侧额亦为间额的一半宽。后侧顶鬃一般两对以上；肩胛的肩鬃后区有小毛6个以上；胸部背板横缝的后方有3对中鬃，从后背面看，第二对前中鬃长达第一对后中鬃的基部；胸部小毛较长密；后胸基腹片具纤毛。侧面观，雄性腹部不拱起。翅第四纵脉强弯曲，与第三纵脉相距颇近。肛尾叶后视端部向末端尖削。

你了解丝光绿蝇的生活习性吗？

　　丝光绿蝇为住宅区附近及野外常见种。成虫活动范围极广，出入人群聚居之处，为半住区性蝇种。幼虫尸食性，主要孳生于腥臭腐败的物质如尸体、鱼、虾、垃圾等处，也能在猪粪及动物饲料内繁殖，成虫对腥臭的鱼肉最敏感。繁殖期很长，雌蝇喜欢在脓疮、伤口、腐败的动物尸体等处产卵。

▲ 鱼虾的腥味更容易吸引蝇类

你见过麻蝇吗？

　　麻蝇最长可达 13 毫米，为喜室外性居住区中型至大型蝇种。麻蝇不以眼间距宽狭分雄雌，而要观察尾部。雄性尾部有亮黑色或红色球状膨腹端，雌性则无。而体型较肥胖，两性胸背部有三条黑色纵纹，腹部背面有黑白相间的棋盘格斑，可随光线的变化而变色。

蝇家族

107

市蝇长什么样？

市蝇体长 4 ～ 7 毫米，较家蝇稍小。体色为浅灰。亦以复眼间的距离分雌雄，雌宽，雄狭。胸背面有两条黑色纵纹。雌性在盾沟前分出一对小叉，仅为主叉的一半长；雄性两条黑纵纹不分叉，腹部深棕色，腹背面正中有黑色纵纹，两侧有银灰色小斑点，呈纵状分布。

你听说过食蚜蝇吗？

食蚜蝇，成虫体小型到大型，体宽或纤细。体色单一暗色或常具黄、橙、灰白等鲜艳色彩的斑纹，某些种类则有蓝、绿、铜等金属色，外观似蜂，头部大。雄性眼合生，雌性眼离生，也有两性均离生。食蚜蝇卵一般产在蚜群中的为白色、长形，卵壳具网状饰纹。

▲ 食蚜蝇

食蚜蝇专门吃蚜虫吗？

食蚜蝇是常见的蚜虫天敌，以幼虫捕食蚜虫而著称。但实际上，还有不少食蚜蝇种类，它们的幼虫并不捕食蚜虫，而是植食性的，幼虫在植物体内取食植物的组织；或者是腐食性的，幼虫以腐败的有机物或禽畜粪便为食。即使捕食性食蚜蝇，也可以其他昆虫为食，如捕食鳞翅目的幼虫、叶蜂幼虫，甚至捕食其他的食蚜蝇幼虫。

为什么食蚜蝇"不好惹"？

　　食蚜蝇成虫腹部多有黄、黑斑纹，不少种类有明显的拟态现象，往往被误认为是蜂。而蜂很强大，腹末有刺，不好惹，食蚜蝇像蜂，便 能起到保护自己的作用。但如果我们仔细观察一番，并不难区分它们。食蚜蝇属于双翅目，即体上只有一对翅膀，而蜂类属膜翅目，体上有两对翅膀；食蚜蝇的触角短，而蜂类触角较长；食蚜蝇的后足纤细，而常见的蜜蜂等蜂类有比较宽阔的后足，用以收集花粉。对于熟悉食蚜蝇的人来说，即使在飞行中也可以看出它们与蜂类的不一样来：食蚜蝇在飞行时能较长时间悬定于空中某一点后突然飞到附近另一点，飞行动作平稳，而蜂类飞行时常常有轻微的左右摆动。

什么是蜂蝇？

▼ 勤劳的小蜜蜂可能不知道，被人们讨厌的蝇竟然也会模仿自己

　　蜂蝇，体型如蜜蜂，长约15毫米。身体黑褐色，全身被有金黄色绒毛。腹部有光泽，具橙黄色的横带纹。翅脉多波曲，以第三纵脉的波曲最深。雄蝇的复眼在头顶部，左右相近。雌蝇两眼远离，每一复眼的中部有一由绒毛形成的明显

蝇家族

的纵带纹。头部触角的触角芒简单无分支，但基部分布短的细毛。幼虫身体圆筒形或椭圆形，具有似鼠尾样的长尾，尾长往往超过体长的数倍。

你知道巨尾阿丽蝇吗？

巨尾阿丽蝇本种在我国，除新疆外其他省区均有分布，而尤以东部和降雨量超过 500 毫米的地区种群数量大、与人关系密切。本种体型大，身长可达 12 毫米。青蓝色，覆薄的淡色粉被。在丽蝇中，巨尾阿丽蝇雄性额宽，约为头宽的 1/7；两性中胸盾片沟前有三条明显的黑色纵条，中间一条较宽；雄性尾器特别巨大。

▲ 丽蝇

part 6

蜻和其他昆虫家族

什么是蝽？

蝽，半翅目昆虫，也叫异翅目昆虫，是昆虫纲中的主要类群之一。半翅目昆虫的前翅在静止时覆盖在身体背面，后翅藏于其下。由于一些类群前翅基部骨化加厚，成为"半鞘翅状"而得名。体小至中型，体壁坚硬而体略扁平，刺吸式口器着生于头的前端，不用时贴放在头胸的腹面。前胸背板发达，中胸有发达的小盾片。前翅基半部革质或角质，称为半鞘翅，一般分为革区、爪区和腹区三部分，有的种类有楔区。很多种类胸部腹面常有臭腺，遇到敌害会喷射出挥发性臭液，因此也被称为"臭虫"。

蝽类昆虫有什么集体特性？

蝽类昆虫广泛分布于全世界，一般长 5 厘米以上，颜色鲜艳，有红、蓝、黑或橙等色。有的种类雌雄异形。蝽类昆虫在凉爽地带以成虫越冬，在温暖地区则于冬季不甚活跃。雌虫可产上百个卵，卵为桶状，连成排或成串，有的雌虫会守候在卵或初孵幼虫旁。

你知道荔蝽吗？

荔蝽是荔枝、龙眼的主要害虫，能使这些水果常年减产20% ~ 30%，大发生年份则达 80% ~ 90%。此外，还会危害柑橘、梅、梨、桃、橄榄、香蕉等果树。成虫和若虫吸食花、幼果和嫩梢的汁液，造成落果，甚至枯死，尤其是在幼果结成的 30 天内最为严重。荔蝽分泌的臭液有腐蚀作用，能使花蕊枯死、果皮发黑，影响质量，并能损害人的眼睛及皮肤。若虫的危害有时比成虫更大。

什么是卷心菜斑色蝽？

卷心菜斑色蝽原产于热带、亚热带区，现分布于北美。盾形，长约 1.25 厘米，主要有红、黄、黑等鲜艳色彩。在一株菜上可多到 50 ～ 60 只成虫，吸食叶汁及叶绿素。卵产于叶底面。天暖时一年 3 ～ 4 代，幼虫形似成虫，但无翅，蜕皮 5 次。成虫寿命数月。收割时，去除虫害植物，或种芥菜诱集再以农药毒杀均可减少损失。

你见过稻绿蝽吗？

稻绿蝽，为半翅目蝽科。我国甜橘产区均有此虫的虫害发生。除了危害柑橘外，还危害水稻、玉米、花生、棉花、豆类、十字花科蔬菜、芝麻、茄子、辣椒、马铃薯、桃、李、梨、苹果等。稻绿蝽刺吸顶部嫩叶、嫩茎等汁液，常在叶片被刺吸部位先出现水渍状萎蔫，随后干枯，严重时上部叶片或烟株顶梢萎蔫。

▲ 千万不要以为稻绿蝽只危害稻子，油菜等蔬菜也是它们喜欢的食物

蝽和其他昆虫家族

你知道牧草盲蝽的生活习性吗？

北方的牧草盲蝽一年生 3 ~ 4 代，以成虫在杂草、枯枝落叶、土石块下越冬。翌春寄主发芽后出蛰活动，喜欢在嫩叶、嫩茎、花蕾上刺吸汁液，取食一段时间后开始交尾、产卵，

▲ 牧草盲蝽的天敌之一——蜘蛛

卵多产在嫩茎、叶柄、叶脉或芽内，卵期约 10 天。若虫共 5 龄，经 30 多天羽化为成虫。成、若虫喜白天活动，早、晚取食最盛，活动迅速，善于隐蔽。发生期不整齐，6 月常迁入棉田，秋季又迁回到木本植物或秋菜上。天敌主要有卵寄生蜂、捕食性蜘蛛、姬猎蝽、花蝽等。

哪种蝽的卵是香蕉形的？

灰姬猎蝽的卵为香蕉形，长 1.4 毫米、宽 0.26 ~ 0.28 毫米。卵产在嫩头、嫩茎的组织内，外面露出一个圆形的白色卵盖，卵盖中央稍内陷，初产时白色，近孵化时黄褐色，具卵盖的一端有两个红色眼点。

为什么说缘蝽是大害虫?

缘蝽属半翅目缘蝽科,分布在浙江、江西、广西、四川、贵州、云南等省,主要危害蚕豆、豌豆、菜豆、绿豆、大豆、豇豆、昆明鸡血藤、毛蔓豆等豆科植物,亦危害水稻、麦类、高粱、玉米、红薯、棉花、甘蔗、丝瓜等。成虫和若虫均喜欢刺吸花果或豆荚汁液,也可危害嫩茎、嫩叶。造成果荚不实或形成瘪粒,嫩茎、嫩叶变黄,受害严重时植株死亡、不结实,对产量影响很大。

▲ 缘蝽主要危害的农作物之一——高粱

棉盲蝽和棉花有什么关系?

棉盲蝽是棉花上的主要害虫,在我国棉区危害棉花的盲蝽有五种:绿盲蝽、苜蓿盲蝽、中黑盲蝽、三点盲蝽、牧草盲蝽。其中,绿盲蝽分布最广,南北均有分布,且具一定数量;中黑盲蝽和苜蓿盲蝽分布于长江流域以北的省份;而三点盲蝽和牧草盲蝽分布于华北、西北和辽宁。

▲ 棉花常常受到棉盲蝽的危害

蝽和其他昆虫家族

棉盲蝽是怎么残害棉花的？

棉盲蝽以成虫、若虫刺吸棉株汁液，造成蕾铃大量脱落。棉株不同生育期被害后表现不同：子叶期被害，表现为枯顶；真叶期顶芽被刺伤则出现破头疯；幼叶被害则形成破叶疯；幼蕾被害则由黄变黑，2～3天后脱落；中型蕾被害则形成张口蕾，不久即脱落；幼铃被害伤口呈水渍状斑点，重则僵化脱落；顶心或旁心受害，形成扫帚棉。

▲ 蝽

有喜欢热的蝽吗？

麦长蝽喜热，随气温升高而更加活跃，在持续干热的天气下，活跃度达到高峰。

雌虫在晚春开始产卵，一般在 25 天左右产卵 200 枚，虫卵置于草坪植物的叶鞘内，7～10 天孵化成若虫，5 周后变成成虫。7～8 周完成一代，在一个生长季内可发生二至多代，第一代常在第一次霜降前完成生命循环。随后几代，在垃圾杂物、灌木篱及草坪枯草或土层中越冬。

盾蝽的名字是怎么来的？

盾蝽有一副防身的盾甲，把身体包裹得十分严实，当两片革质鞘翅并拢起来时连缝隙都没有。当初我国的昆虫分类学家正是看到它这个"盾"而赋予了它一个形象的名字——盾蝽。

盾蝽因在受到惊扰时能从中胸腹板的臭腺孔中分泌有臭味的液体而又被叫作放屁虫，其味与臭椿树的味道相似。

什么是仰泳蝽？

仰泳蝽属仰泳蝽科，共有近 200 种。仰泳蝽的长度一般不到 2 厘米，世界性分布。头卵形，体延长。游泳时背朝下，背部隆起似

▼ 蝌蚪为仰泳蝽提供了食物

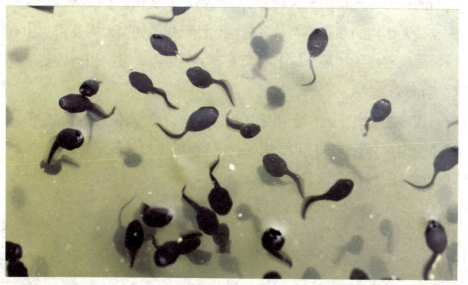

蝽和其他昆虫家族

船底；足长，划水如桨；背面色浅，从下面看与水面和天空不分；其余部分色暗，从上面看与水底不分。

仰泳蝽的身体比水轻，一放开抓住的水底植物就可浮上来，到了水面，就能跳出水面而飞走，或在翅下方和身体周围贮存空气后再沉入水中。浮在水面时，足伸展，便于受惊时立即划水。捕食昆虫、蝌蚪和鱼，捕获物通常比本身大，吸其体液。

谁才是最灵巧的食肉昆虫？

猎蝽是食肉昆虫中最为灵巧的。世界各地约有 2500 种猎蝽，它们有不同的捕食方法。

有些猎蝽先对猎物穷追不舍，最后扑上身去；有些猎蝽足上长着一种胶垫，每个胶垫上面的毛多达 75000 根，毛上有一层油，粘到猎物身上，即使是动作迅速的大型昆虫也脱身不得；有些猎蝽在适当的地方等待猎物，这种方法既复杂又多变化；有些猎蝽把它们的腿插入松树的油脂，而后举起这黏性极强的腿当陷阱使用；还有一些专捕蜜蜂的猎蝽，足上长着强有力的刚毛，它们用这些刚毛缠住毛茸茸的蜜蜂。

西印度群岛上有一种猎蝽，腹部能够分泌一种有味道的黏液，蚂蚁受到这种甘露的吸引，吃了它感到陶醉，很快成了猎蝽的美食。

哪种蝽的名字叫"蝎"？

　　水蝎属半翅目蝎蝽科昆虫，约有 150 种，大部分会飞，民间俗称"水王八"。水蝎及陆蝎有某些类似之处，即用以捕食的镰刀状长足及长而薄的鞭状尾部。尾部为两支附带的呼吸管，可伸出水面呼吸，咬人疼痛，会吸食人血、畜生血，可以传播疾病，但伤害远小于真蝎。它们的体形各有不同，如蝎蝽属躯体为略细长的椭圆形，其他属水蝎则为较长的圆筒状。水蝎可以前腿上下摆动，后腿踢水而游泳，而两对后腿也可用于爬行。水蝎可见于世界各处，主要生活在水沟底角及泥沼中，藏在停滞的叶片或其他的植物碎屑中，埋伏以捕食。由于不擅游泳，水蝎很少在开阔的水面游动，成虫常产卵于碎屑缝隙或水生植物的茎部。

▼ 真蝎

经常在水面上趴着的细腿昆虫是什么？

　　水黾是一种在湖水、池塘、水田和湿地中罕见的小型水生昆虫。成虫长 8～10 毫米，黑褐色，头部为三角形，稍长。体小型至大型，长形或椭圆形。口吻稍长，分为三节，第二节最长。触角丝状，四节，突出于头的前方。前胸延长，背面多为暗色而无光泽，无鲜明的花斑，前翅革质，无膜质部。身体腹面覆有一层极为细密的银白色短毛，外观呈银白色丝绒状，具有拒水作用。其躯干与宽黾蝽科类似，非常瘦长，躯干上被极细的毛，这些毛厌水。腹部具明显的侧接缘。

水黾长着怎样的足？

　　水黾科昆虫有 3 对足，前足较短，中、后足很长，向四周伸开，后足腿节多远伸过腹部末端。跗节两节，端节的末端裂成两叶，一对爪着生在裂隙的基部。后面的一对腿可以用来控制滑动的方向，中间的一对腿则是驱动的腿，特别长。前面的一对腿比较短，只被用来捕猎。跗节上的毛使得它们可以借助表面张力在水面上非常快地运动，而不会下沉。触角四节，明显伸出。

◀ 水黾

▲ 水面上成群的水黾

黾蝽科昆虫生活在哪里？

　　黾蝽科昆虫几乎终生生活于水面，借助体下的拒水性毛和伸开的肢体等适应性性状，不致下沉或被水沾湿。黾蝽科在水面上划行主要依靠中足和后足的动作，前足在行动时举起，不用于划行，主要用于捕捉猎物。黾蝽以掉落在水上的其他昆虫、虫尸或其他动物的碎片等物为食。栖居环境包括湖泊、池塘等静水水面及溪流等流动的水面。在湍急的山溪上生活的种类，常常腹部变短或套缩入基部数节。海黾属等类群生活在海中，漂浮于开阔的洋面上，为昆虫中极少数正常在海上生活的类群之一。

蝽和其他昆虫家族

体型细小的水黾怎么捕食？

水黾科昆虫以落入水中的小虫的体液、死
鱼体或昆虫为食。它们通过腿上非常敏感
的器官可以感受到落入水中
的昆虫的挣扎。通过滑动中
间的一对腿可以在水面上运
动，游的速度可以达到 1.5
米／秒。此外，它们可以做
30～40 厘米高和远的跳动。
吃食时，嘴成管状吸食。

▲ 负子蝽

什么是负子蝽？

负子蝽，又称田鳖，是一类水生昆虫，是我国南方及东南亚一
带著名的食肉昆虫。呼吸管在腹部的末端，以水中的小鱼、小虫为
食，性凶猛，能捕捉比自己身体更大的鱼，人称"水中霸王"。负
子蝽对养殖渔业有一定危害。

负子蝽身体扁阔，椭圆形，灰褐色，喙短而强，腿大，前足强
壮，体长 45～65 毫米。

此虫头较小，三角形；触角小，前胸大；前翅革质，发达，呈
镰刀状；后翅膜质，色淡黄；跗节短，有一钩爪；中后肢胫节及跗
节具长毛，足端有两个长爪。负子蝽翅膀较强硬，在夜间能出水飞翔。

你知道负子蝽怎样捕食吗？

负子蝽以荤食为主，以小鱼、小虫、虾、蛙类、蝌蚪为捕食对象。常用伏击的办法捕捉猎物，往往抓住水草，发现猎物后悄悄接近，然后进行捕捉，并用镰刀一般的前肢压住猎物，吸其体液，一般不吃猎物的肉。

它在繁殖期间将卵产在水草或水稻的基部，卵很大，其游泳的姿态与龙虱相反，背向下仰游。

夏季田间常见的绿色飞虫叫什么？

夏天，人们在田间漫步时，可看到一种绿色的、长着四个大翅膀的昆虫飞翔在空中，这种昆虫就是草蛉。草蛉体细长，长约10毫米，绿色。复眼有金色闪光。触角细长丝状。翅阔，透明，极美丽。常飞翔于草木间，在树叶上或其他平滑的光洁表面产卵。卵黄色，有丝状长柄，称"优昙华"。幼虫纺锤状，在树叶间捕食蚜虫，称"蚜狮"。

▶ 草蛉

蝽和其他昆虫家族

什么是丽草蛉？

丽草蛉体长 9 ～ 10 毫米，前翅长 14 ～ 15.5 毫米，后翅长 11 ～ 13 毫米。体绿色，下颚须和下唇须均为黑色。触角比前翅短，黄褐色，第一节与头部颜色相同，第二节黑褐色。头部有 9 个黑色斑纹：中斑一个、角上斑一对、角下斑一对呈新月形、颊斑一对、唇基斑一对呈长形。前胸背板长略大于宽，中部有一横沟，横沟两侧各有一褐斑。中胸和后胸背面也有褐斑，但常不显著。足绿色，胫节及跗节黄褐色。翅端较圆，翅痣黄绿色，前后翅的前缘横脉列的大多数均为黑色，径横脉列仅上端一点为黑色，所有的阶脉为绿色，翅脉上有黑毛。腹部为绿色，密生黄毛。

你知道中华草蛉吗？

中华草蛉体长 9 ～ 10 毫米，前翅长 13 ～ 14 毫米，后翅长 11 ～ 12 毫米，展翅 30 ～ 31 毫米。体黄绿色。胸部和腹部背面两侧淡绿色，中央有黄色纵带。头部淡黄色，颊斑和唇基斑黑色各一对，但大部分个体每侧的颊斑与唇基斑连接呈条状。

中华草蛉成虫可食花粉、花蜜及捕食叶螨和鳞翅目昆虫的卵，一般情况下不捕食蚜虫。因此，中华草蛉成虫对蚜虫控制作用不大，对叶螨和鳞翅目害虫的卵有一定的作用。

中华草蛉的幼虫活动能力很强。据统计，Ⅲ龄幼虫在 28℃ 条件下，1 小时可爬行 60 米以上，捕食范围也很广。

时刻举着"大刀"的昆虫是什么？

螳螂是昆虫中体型偏大的，身体为长形，多为绿色，也有褐色或有花斑的种类。螳螂的标志性特征就是有两把"大刀"，即前肢，上有一排坚硬的锯齿，末端各有一个钩子，用来钩住猎物。螳螂头呈三角形，能灵活转动；复眼突出，大而明亮，有单眼3个；触角细长；颈可自由转动；咀嚼式口器；上颚强劲；前足腿节和胫节有利刺，胫节镰刀状，常向腿节折叠，形成可以捕捉猎物的前足；前翅皮质，为覆翅，缺前缘域，后翅膜质；臀域发达，扇状，休息时叠于背上；腹部肥大。前足为捕捉足，中、后足适于步行，渐变态。

▲ 兰花螳螂

螳螂是肉食动物吗？

螳螂是肉食性昆虫，猎捕各类昆虫和小动物，在田间和林区能消灭不少害虫，因而是益虫。性残暴好斗，缺食时常有大吞小和雌吃雄的现象。分布在南美洲的个别种类还能不时攻击小鸟、蜥蜴或蛙类等小动物。螳螂有保护色，有的并有拟态，与其所处环境相似，借以捕食多种害虫。动作灵敏，捕食时所用时间仅 0.01 秒。螳螂只吃活虫，常以有刺的前足牢牢钳食它的猎物。

蜂和其他昆虫家族

螳螂的"饭量"有多大？

　　螳螂一般一年一代，一只螳螂的寿命有 6～8 个月。即使没有头，螳螂仍能存活 10 天。雌性的食欲、食量和捕捉能力均大于雄性，雌性有时还能吃掉雄性。据科学家推测，雌螳螂在交配时吃掉雄螳螂是为了补充能量。

▼ 一对螳螂母子

螳螂的产卵方式有什么特别？

　　雌性螳螂的产卵方式很特别，既不产在地下，也不产在植物茎中，而是将卵产在树枝表面。交尾后两天，雌性一般头朝下，从腹部先排出泡沫状物质，然后在上面顺次产卵，泡沫状物质很快凝固，形成坚硬的卵鞘（即中药"桑螵蛸"或"螵蛸"），卵产于卵鞘内，每个卵鞘有卵 20 ～ 40 个，排成 2 ～ 4 列，每个雌虫可产 4 ～ 5 个卵鞘。次年初夏，从卵鞘中孵化出数百只若虫。若虫蜕皮数次，发育为成虫。

昆虫界最擅长跳的是谁？

　　创造纪录的体育健将会妒忌小小的蚱蜢，一个普通蚱蜢的跳跃，认真说来是一项了不起的成就。它能够平跳比身体长度长 20 倍的距离，如果人有这种本事，跳 3 下就可以跳过足球场长的一边。它也可以往高处跳，如果人有它那种跳高的本事，一跳就可以跳过一座 5 层高的楼房。蚱蜢的后足和它别的足不同，也和其他大部分昆虫的足不同。它的后足特别长也特别粗，股节与胫之间的角度很小，在这个角度突然扩大的时候，蚱蜢就被发射出去。因此，蚱蜢的跳跃是猛弹，而不是慢推。而且，蚱蜢的两条后足同时动作，并不像其他昆虫走路时那样一先一后。由于演化，蚱蜢后腿生有细密的、可控制的肌肉，使两足能够产生 8 倍于蚱蜢本身体重的发射冲力。要完成此项冲刺，那些纤细的肌肉必须产生大得惊人的冲力，比肌肉本身的重量要重约 20000 倍。

▶ 蚱蜢

蜻和其他昆虫家族

127

蚱蜢为什么喜欢将呕吐物弄自己一身?

也许因为蚱蜢属"高蛋白"生物,常常成为蜥蜴的"盘中餐",所以为了逃生,蚱蜢常吃有臭味的树叶,如桉树的树叶,然后再呕吐到自己身上。每当蜥蜴一类的"吃肉动物"准备将粘有呕吐物的蚱蜢吞下去时,因为呕吐物的味道实在难闻,就会立即吐出来,不会伤到蚱蜢的"筋骨"。

如果你偶然观察到,从蜥蜴口中吐出来的东西里竟然有一个活的蚱蜢时,可不要见怪了。蚱蜢就是靠这一绝招使自己死里逃生的。蚱蜢不像其他某些昆虫会"自卫反击",所以只能进行被动的自我保护,但这一招却非常管用。

▲ 桉树是蚱蜢"生化武器"的来源

你知道蜻蜓吗?

蜻蜓是一种无脊椎动物,属昆虫纲蜻蜓目节肢动物门。一般体型较大,翅长而窄,膜质,网状翅脉极为清晰。视觉极为灵敏,单眼3个。触角1对,细而较短。咀嚼式口器。腹部细长、扁形或呈圆筒形,末端有肛附器。足细而弱,上有钩刺,在空中飞行时可捕捉害虫。幼虫(稚虫)在水中发育,在水中用直肠气管鳃呼吸。一般要经 11 次以上蜕皮，需 2 年或 2 年以上才沿水草爬出水面，再经最后蜕皮羽化为成虫。稚虫在水中可以捕食孑孓或其他小型动物，有时同类也互相蚕食。成虫一般在池塘或河边飞行捕食飞虫。除能大量捕食蚊、蝇外，有的还能捕食蝶、蛾、蜂等对人类有害的昆虫，实为益虫。

▲ 红蜻蜓

世界上眼睛最多的昆虫是谁？

蜻蜓是世界上眼睛最多的昆虫。蜻蜓的眼睛又大又鼓，占据着头的绝大部分。蜻蜓有 3 个单眼，约由 28000 多只小眼组成，它们的视力极好，而且还能向上、向下、向前、向后看而不必转头。此外，它们的复眼还能测速。当物体在复眼前移动时，蜻蜓的每一个"小眼"依次产生出反应，经过加工就能确定出目标物体的运动速度，这使得它们成为昆虫界的捕虫高手。其咀嚼式口器发达，强大有力。

"蜻蜓点水"是怎么回事？

蜻蜓在平静如镜的湖面上款款飞旋，不时地将细长的尾巴弯成弓状伸进水草丛中，湖面因此扩张开一圈圈波纹。蜻蜓真的是随便"点水"玩吗？不是的，这是雌蜻蜓在产卵。"蜻蜓点水"是蜻蜓生活中的自然组成部分——产卵、繁殖后代。

蜻蜓家族的"飞行冠军"是谁？

有一种分布在南美洲的蜻蜓，身长 12 厘米，是世界上最大的蜻蜓，同时，也是世界上飞得最快的昆虫，它短距离的冲刺速度可达 58 千米／小时。

▼ 叶片上的蜻蜓

你知道豆娘吗？

豆娘，学名蟌蛉，是一种颜色鲜艳的食肉昆虫，身体细长，眼睛生于两侧，翅翼生有翅柄，歇息时翅膀伸长叠在一起，与蜻蜓同属蜻蛉目。体型大多数比蜻蜓要小，最小的豆娘体长为 1.5 厘米，最大者可以到 6 ～ 7 厘米。

▲ 德国羽扇豆蟌蛉

豆娘和蜻蜓有什么不同吗？

1. 眼睛的距离

蜻蜓的复眼大部分是彼此相连或只有小距离的分开；豆娘的两眼有相当大距离的分开，形状如同哑铃一般。

2. 翅膀的形状

属不均翅亚目的蜻蜓，其前后翅形状大小不同，差异甚大；属均翅亚目的豆娘，其前后翅形状大小近似，差异甚小。

3. 腹部的形状

蜻蜓的腹部形状较为扁平，也较粗；豆娘的腹部形状较为细瘦，呈圆棍棒状。

4. 停栖方式

蜻蜓在停栖时，会将翅膀平展在身体的两侧；一般豆娘在停栖时，会将翅膀合起来直立于背上。

蜻和其他昆虫家族

131

人类所知道的地球上出现过的最大昆虫是谁?

巨脉蜻蜓,又名大尾蜻蜓或巨尾蜻蜓,是 3 亿年前石炭纪的一种昆虫,它的形态与现今的蜻蜓接近。它的翅膀展开阔达 75 厘米,是已知地球上出现过的最大的昆虫物种。它以其他昆虫及细小的两栖动物为食物。

▲ 巨脉蜻蜓

你知道纺织娘吗?

纺织娘是纺织娘科纺织娘属的一种中型螽斯,是重要的鸣虫之一。它体型较大,体长 50 ~ 70 毫米,体色多样;植食性,喜食南瓜、丝瓜的花瓣,由于它也吃桑叶、柿树叶、核桃树叶、杨树叶等,

▼ 螽斯是一种体型较大的昆虫

所以有一定的危害性，因而它属于害虫之列。

纺织娘体色有绿色和褐色两种，其体形很像一个侧扁的豆荚。头较小，前胸背侧片基部多为黑色，前翅发达，其宽度超过底部，翅长一般为腹部长度的 2 倍，常有纵列黑色源斑。雌虫产卵器弧形上弯，呈马刀状。雄虫的翅脉近于网状，有 2 片透明的发声器，其触须细长如丝状，黄褐色，可长达 80 毫米，后腿长而大，健壮有力，其弹力很强，可将身体弹起，向远处跳跃。

▲ 纺织娘

纺织娘的名字是怎么来的？

雄性纺织娘前肢摩擦能发出声音，每到夏秋季的晚上，常在野外草丛中发出"沙沙"或"轧织、轧织"的声音，可达 20 ～ 25 声，音高韵长，时轻时重，犹如纺车转动，因而被人们取名为"纺织娘"。如遇雌虫在附近，雄虫一边鸣叫，一边转动身子，以吸引雌虫的注意。

蜻和其他昆虫家族

133

蝼蛄为什么叫"地下恶将军"？

　　蝼蛄是一种大型土栖昆虫。触角短于体长，前足开掘式，缺产卵器。本科昆虫通称蝼蛄，俗名拉拉蛄、土狗。全世界已知约50种，我国已知4种，分别为华北蝼蛄、非洲蝼蛄、欧洲蝼蛄和台湾蝼蛄。

　　蝼蛄为多食性害虫，喜食各种蔬菜，对蔬菜苗床和移栽后的菜苗危害尤为严重。蝼蛄成虫和若虫在土中咬食刚播下的种子和幼芽，或将幼苗根、茎部咬断，使幼苗枯死，受害的根部呈乱麻状。蝼蛄在地下活动，将表土穿成许多隧道，使幼苗根部透风和土壤分离，造成幼苗因失水干枯致死，缺苗断垄，严重的甚至毁种，使蔬菜大幅度减产。

▼ 蝼蛄

谁才是每天都盖新"房子"的"建筑师"？

卡罗来纳卷叶虫是一种无翼卷叶蟋蟀，它每天盖一所新"房子"。这种虫子实在了不起，夜间出来寻找蚜虫，每天黎明以前开始建巢。把叶子切好以后，像毛毯一样把叶子包在身上，然后用下唇把边缘用胸部缫成的丝"缝合"，把长触角贴在背上，白天它就在里面睡大觉。

斗蟋蟀是根据蟋蟀的什么性格而来？

蟋蟀多数中小型，少数大型。黄褐色至黑褐色。头圆，胸宽，丝状触角细长易断。咀嚼式口腔。有的大颚发达，强于咬斗。前足和中足相似并同长。后足发达，善跳跃。尾须较长。前足胫节上的听器，外侧大于内侧。雄性喜鸣、好斗，有互相残杀现象。雄性蟋蟀相互格斗是为了争夺食物、巩固自己的领地和占有雌性。正是因为蟋蟀生性好斗，所以古往今来很多人喜欢养蟋蟀、斗蟋蟀。

▼ 威风十足的蟋蟀

你知道蟋蟀是用什么发声的吗？

炎热的夏夜，人们坐在庭院乘凉时，常听到雄蟋蟀发出的鸣叫。它的声音清韵悠扬、悦耳动听，真可称大自然中的一组妙曲，人们可以尽情享受，其乐无穷。

与其他鸣叫昆虫相比，蟋蟀发出的声音清脆婉转、富有颤音。它的鸣叫是由左右两翅摩擦发出的。在左翅的发音部分，有一透明的膜片，中央有许多锯齿状突起。右翅上有一条"L"形的发声镜，镜上约有150多个小齿。当蟋蟀鸣叫时，左右两翅同时振动，相互摩擦，就发出了悠扬和谐的声音。

你知道蟋蟀声音的秘密吗？

蟋蟀鸣叫声比较复杂，不同的鸣叫声含义大不相同。当雄蟋蟀单独生活时，会发出"嚁嚁嚁"的叫声，显得缓慢悠长，意在招引

▼ 蟋蟀

雌蟋蟀到来。倘若找到了配偶，已经定了终身，雄虫则发出"的——铃、的——铃"的一长一短的叫声，好像在倾诉衷肠，显得柔情绵绵。若是两只雄虫相遇，叫声会一反常态，发出高亢急促的"嚯嚯嚯嚯"的鸣叫，此时它们都在示威，试图在气势上压倒对方。

▲ 油葫芦

蟋蟀的鸣叫随季节的变化也有差异：早秋时节，雄虫刚刚变态成熟，叫声清脆优美；白露时节，蟋蟀求偶心切，叫声特别洪亮，显得苍劲有力；接近秋末，蟋蟀的叫声变得沙哑凄惨，表示它的生命就要终结了。更为有趣的是，蟋蟀的鸣叫与环境的温度直接相关。英国的一位昆虫学家曾在这方面做过细致的研究，他准确记录了蟋蟀在15秒钟内的鸣叫次数，然后加上40，就是当时的华氏气温。例如，如果蟋蟀在15秒钟内鸣叫10次，再加上40等于50，那么当时的气温应为华氏50℉（10℃）。他反复多次测量后，发现结果相当准确。

油葫芦的名字是怎么来的？

油葫芦，又名结缕黄、油壶鲁，由于其全身油光锃亮，就像刚从油瓶中捞出似的，又因其鸣声好像油从葫芦里倒出来的声音，还因为它的成虫爱吃各种油脂植物，如花生、大豆、芝麻等，所以得"油葫芦"之名。

蜻和其他昆虫家族

137

世界上现存最古老的昆虫是谁？

蟑螂是这个星球上最古老的昆虫之一，曾与恐龙生活在同一时代。根据化石证据显示，原始蟑螂约在 4 亿年前的志留纪出现于地球上。我们发现的蟑螂的化石或者是从煤炭和琥珀中发现的蟑螂，与各家橱柜中的并没有多大的差别。亿万年来，蟑螂的外貌并没什么大的变化，但生命力和适应力却越来越顽强，一直繁衍到今天，广泛分布在世界各个角落。值得一提的是，一只被摘头的蟑螂可以存活 9 天，9 天后死亡的原因则是过度饥饿。

▲ 琥珀中的昆虫

为什么蟑螂的生命力十分顽强？

蟑螂有咀嚼式的口器，能啃食东西。蟑螂的食性非常复杂，从普通食品到擦鞋的刷子、电线胶皮、硬纸板、肥皂、油漆屑、枯叶、纺织品、皮革和头发等都可以成为它的食物。昆虫学家发现，有 12 种蟑螂可以靠糨糊活 1 个星期；美国蟑螂只喝水可以活 1 个月，如果没有食物也没有水，它们仍然可以活 3 个星期。蟑螂在食物短缺或者空间过分拥挤的情况下，会发生同类相残的行为。此外，它还吃粪便、痰液和小动物的尸体，并且边吃边排粪，身上弄得很脏。

它易粘带病菌、污染食物、传播各种疾病，如副伤寒、痢疾、结核和急性肝炎等症。

▲ 生命力无比顽强的蟑螂

为什么蟑螂家族"人口众多"？

蟑螂的繁殖能力很强。雌雄蟑螂交配后，雌蟑螂的尾端便长出一个形如豆荚状的东西，叫卵鞘，卵就产在其中。一只雌虫少则可产 10 多个、多则可产 90 多个卵鞘；一个卵鞘中，少则可孵出 10 只、多则可孵出 50 多只小蟑螂（这同蟑螂种类有关）。在美国东部，平均一个房子中居住着 1000 只以上的蟑螂，而一对蟑螂，一年可以繁殖 10 万只后代！

蜻和其他昆虫家族

part 7

昆虫与人类

你知道爱吃书的蠹鱼吗？

　　蠹鱼，也称衣鱼，是衣鱼科昆虫的统称，一类较原始的无翅小型昆虫，全世界约有 100 多种，俗称蠹、白鱼、壁鱼、书虫。多生于古旧的房屋和古书中。畏光，好蠹食书籍、衣服、糨糊、胶质等物。

　　按不同生活环境而定，蠹鱼从幼虫变成虫需要至少 4 个月的时间，不过有时候发育期会长达 3 年。在室温环境下，大概一年就发育为成虫，寿命为 2～8 年。一条蠹鱼一生中会经历大约 8 次脱皮；不过蠹鱼不断生长，一年蜕皮 4 次也不足为奇。蠹鱼爱好的食物为充满淀粉质或多糖的物品，如含葡聚糖的胶水、糨糊、书籍等装订物、照片、糖、毛发、泥土等。可是它们对棉花、亚麻布、丝和人造纤维等也毫不抗拒，甚至连其他昆虫尸体、自己蜕的皮也是照吃如饴。饥饿时甚至连皮革制品、人造纤维布匹等也吃。蠹鱼挨饿数个月，身体功能也不会受任何伤害。

▼ 书中的糨糊为蠹鱼提供了美食

昆虫是未来食物的主角吗?

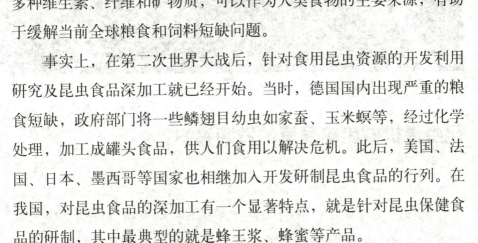

不少昆虫的幼虫，其体内所含的物质非常符合人类的营养需求。联合国粮农组织在《可食用昆虫：食物和饲料保障的未来前景》报告中指出，全世界可供人类食用的昆虫超过 1900 种，世界

▲ 食用昆虫包含人体需要的多种维生素

上至少20亿人的传统食物中包含昆虫，许多昆虫富含优质蛋白质、多种维生素、纤维和矿物质，可以作为人类食物的主要来源，有助于缓解当前全球粮食和饲料短缺问题。

事实上，在第二次世界大战后，针对食用昆虫资源的开发利用研究及昆虫食品深加工就已经开始。当时，德国国内出现严重的粮食短缺，政府部门将一些鳞翅目幼虫如家蚕、玉米螟等，经过化学处理，加工成罐头食品，供人们食用以解决危机。此后，美国、法国、日本、墨西哥等国家也相继加入开发研制昆虫食品的行列。在我国，对昆虫食品的深加工有一个显著特点，就是针对昆虫保健食品的研制，其中最典型的就是蜂王浆、蜂蜜等产品。

另外，昆虫蛋白质食品也是昆虫食品开发的重点。科研人员从可食用昆虫体内提取出纯蛋白，用作营养剂或是强化食品的添加剂。如蚕蛹蛋白，经过加工可制作蛋白粉直接添加到食品之中。对消化不良或肠胃不好的人而言，昆虫蛋白制品是不错的选择。

不过，也有生态学家担心，贸然引进新的可食用昆虫物种，可能会给当地生态平衡带来灾难。还有一些学者则认为，由于对食用昆虫的理论研究体系并不成熟，其可能产生的毒副作用尚未得到充分论证，大面积推广可能面临风险。

昆虫与人类

▲ 昆虫为齿轮的发明提供了灵感

昆虫是机械齿轮最早的发明者吗？

    机械齿轮现在广泛应用在各行各业的机器设备里，但其实人类并不是机械齿轮的最早发明者。科学家用高速摄像机对一种伊苏斯昆虫进行了拍摄，通过研究视频他们发现，这种昆虫的后腿的关节位置有一个弯曲的窄条结构，上面有十几个齿轮样的结构。在幼虫向前跳跃的时候，它一条腿上的齿轮会与另外一条腿上的齿轮啮合在一起，这样两条腿会弯曲到合适的位置，在跳跃的时候能够基本同步运动。这样的结构只存在于这种昆虫的幼虫阶段，在蜕皮的过程中，这种结构也会得到修复，从而继续发挥作用。不过到了成虫阶段，这种齿轮结构就消失了。所以，在人类发明齿轮之前很久，昆虫就已经开始使用这种精巧的结构了。

苍蝇和航天事业有什么关系吗？

讨厌的苍蝇与宏伟的航天事业似乎风马牛不相及，但仿生学却把它们紧密地联系起来了。苍蝇是声名狼藉的"逐臭之夫"，凡是腥臭污秽的地方，都有它们的踪迹。苍蝇的嗅觉特别灵敏，远在几千米外的气味也能嗅到。但是苍蝇并没有"鼻子"，它靠什么来充当嗅觉器官呢？原来，苍蝇的"鼻子"——嗅觉感受器分布在头部的一对触角上。每个"鼻子"只有一个"鼻孔"与外界相通，内含上百个嗅觉神经细胞。若有气味进入"鼻孔"，这些神经立即把气味刺激转变成神经电脉冲，送往大脑。大脑根据不同气味物质所产生的神经电脉冲的不同，就可区别出不同气味的物质。因此，苍蝇的触角像是一台灵敏的气体分析仪。

仿生学家由此得到启发，根据苍蝇嗅觉器官的结构和功能，仿制成功一种十分奇特的小型气体分析仪。这种仪器的"探头"不是金属，而是活的苍蝇。就是把非常纤细的微电极插到苍蝇的嗅觉神经上，将引导出来的神经电信号经电子线路放大后，送给分析器，分析器一经发现气味物质的信号，便发出警报。

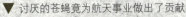

▼ 讨厌的苍蝇竟为航天事业做出了贡献

昆虫与人类

为什么说人工冷光的发明是受萤火虫的启发？

在夜空中，在皎洁的月光下，飞着一个个提着灯笼的萤火虫。它们可是我们人类的"老师"。因为科学家通过萤火虫的光，发明了一种不伤眼的光——人工冷光。

自然界中一些光并不热，所以人类就把它们称为"冷光"。在众多的发光动物中，萤火虫就是其中的一类，萤火虫约有1500种，它们发出的冷光的颜色有黄绿色、橙色，光的亮度也不相同。萤火虫发出的冷光一般不仅具有很高的发光效率，而且发出的冷光很柔和，很适合人类的眼睛，光的强度也比较高。因此，生物光是一种人类理想的光。

早在20世纪40年代，人们根据对萤火虫的研究创造了日光灯，使人们的照明光源发生了很大的变化。近年来，科学家先是从萤火虫的发光器中分离出了荧光素，后来又分离出了荧光酶，接着又用化学方法合成了荧光素、荧光酶、ATP(三

▲ 现代冷光灯的发明得益于萤火虫

磷酸腺苷）和水混合成的生物光源，可在充满爆炸性瓦斯的矿井中当闪光灯。现在人们已能用掺和某种化学物质的方法得到类似生物光的冷光，作为安全照明用。在我们眼中，萤火虫只是一种会发光的生物罢了，可是在科学家手中，它却成了一盏盏闪光灯。所以我们在生活中要多多留心大自然的启示。

昆虫与人类